Extrait du *Bulletin de la Société d'Études Scientifiques d'Angers*
(année 1895)

MUSCINÉES

DU

DÉPARTEMENT DE MAINE-ET-LOIRE

(Sphaignes, Mousses, Hépatiques)

PAR

G. BOUVET

PHARMACIEN
DIRECTEUR DU JARDIN DES PLANTES D'ANGERS
CONSERVATEUR DU MUSÉE D'HISTOIRE NATURELLE
MEMBRE DE LA SOCIÉTÉ BOTANIQUE DE FRANCE
DE LA SOCIÉTÉ D'ÉTUDES SCIENTIFIQUES D'ANGERS, ETC.
OFFICIER D'ACADÉMIE

ANGERS

GERMAIN & G. GRASSIN, IMPRIMEURS-LIBRAIRES
40, rue du Cornet et rue Saint-Laud

1896

MUSCINÉES

DU

DÉPARTEMENT DE MAINE-ET-LOIRE

Extrait du *Bulletin de la Société d'Études Scientifiques d'Angers*
(année 1895)

MUSCINÉES

DU

DÉPARTEMENT DE MAINE-ET-LOIRE

(Sphaignes, Mousses, Hépatiques)

PAR

G. BOUVET

PHARMACIEN
DIRECTEUR DU JARDIN DES PLANTES D'ANGERS
CONSERVATEUR DU MUSÉE D'HISTOIRE NATURELLE
MEMBRE DE LA SOCIÉTÉ BOTANIQUE DE FRANCE
DE LA SOCIÉTÉ D'ÉTUDES SCIENTIFIQUES D'ANGERS, ETC.
OFFICIER D'ACADÉMIE

ANGERS

GERMAIN & G. GRASSIN, IMPRIMEURS-LIBRAIRES
40, rue du Cornet et rue Saint-Laud

1896

MUSCINÉES

DU

DÉPARTEMENT DE MAINE-ET-LOIRE

(Sphaignes, Mousses, Hépatiques)

Depuis la publication, peut-être un peu précipitée, de mon *Essai d'un Catalogue raisonné des Mousses et des Sphaignes du département de Maine-et-Loire*, en 1873, notre Flore s'est enrichie de nombreuses espèces dues aux recherches habilement dirigées de plusieurs botanistes, et aussi quelque peu à celles que je poursuis depuis plus de vingt ans sur tous les points de la région. Aujourd'hui, les renseignements acquis me semblent suffisamment nombreux et précis pour justifier ce nouvel inventaire de nos richesses bryologiques et hépaticologiques.

Est-ce à dire pour cela que l'avenir ne réserve pas aux chercheurs quelque fait inédit à relater, quelque variété rare ou nouvelle à découvrir? Assurément non. Plusieurs localités éloignées d'Angers et d'un accès difficile restent encore à explorer, d'autres n'ont été vues qu'en passant et d'une manière insuffisante ; enfin, il y a toutes probabilités pour rencontrer un jour ou l'autre certaines espèces signalées dans les départements limitrophes, mais qui, jusqu'ici, ne l'ont pas été dans le nôtre, telles :

Hypnum speciosum,	Ulota Hutchinsiæ,
H. polygamum,	Racomitrium fasciculare,
H. palustre,	Barbula rigida,
Plagiothecium undulatum,	B. cavifolia,
Neckera pennata,	B. cæspitosa,
Splachnum ampullaceum,	Leptotrichum homomallum,
Funaria calcarea,	Distichium capillaceum,
Diphyscium foliosum,	Fissidens osmundoides,
Webera albicans,	Systegium crispum,
Orthotrichum cupulatum	Ephemerum recurvifolium,
v. riparium,	Sphagnæcetis communis.

Je suis heureux de témoigner ici toute ma reconnaissance aux botanistes qui ont bien voulu m'aider de leurs conseils et de leur expérience. Sans oublier les encouragements que mon regretté maître Boreau me prodigua lors de mes débuts en bryologie, j'ai de grandes obligations envers MM. Husnot, l'abbé Boulay et Corbière, qui ont eu l'extrême obligeance de contrôler toutes mes récoltes et d'en identifier les formes critiques ou embarrassantes. Je remercie de même bien sincèrement MM. l'abbé Ily et le docteur F. Camus, qui m'ont confié leurs récentes découvertes avec beaucoup de complaisance. Quant à mon ami, M. Préaubert, il a été mon collaborateur de tous les instants et je me plais à lui reconnaître une large part du mérite que peut avoir cette publication dans ce qu'elle a de personnel.

Les observations que j'ai faites sur la distribution de nos Muscinées confirment presque en tous points les principes établis par M. l'abbé Boulay.

La petite distance qui nous sépare de l'Océan et la faible élévation du sol au-dessus du niveau de la mer, font que notre département jouit d'un climat relativement doux, égal et humide. Aussi l'ensemble de la Flore appartient-il à la zone inférieure de la région silvatique, avec *extensions* fréquentes et bien accusées de la zone méditerranéenne.

Parmi les espèces offrant un caractère méridional, je citerai :

Amblystegium Vallis-Clausæ,
Rhynchostegium algirianum,
R. megapolitanum,
Eurhynchium circinatum,
E. crassinervium,
Scleropodium Illecebrum,
Pterogonium gracile,
Leptodon Smithii,
Bartramia stricta,
Bryum torquescens,
B. murale,
B. atropurpureum et v. dolioloides,
B. Donianum,
Webera carnea,
W. Tozeri,
Orthotrichum diaphanum,
Grimmia crinita,
G. orbicularis,
G. trichophylla v. meridionalis,
G. leucophæa,
Cinclidotus fontinaloides,
Barbula atrovirens,
B. aloides,
B. squamigera,
B. cuneifolia,
B. marginata,
B. canescens,
B. vinealis,
B. gracilis,
B. tortuosa v. fragilifolia,

B. squarrosa,
B. princeps,
Trichostomum tophaceum,
T. crispulum,
T mutabile,
T. nitidum,
Pottia cavifolia,
P. Starkeana,
Leptotrichum subulatum,
Fissidens dccipiens,

Conomitrium Julianum,
Gymnostomum calcareum,
G. tortile,
Phascum bryoides,
P. rectum,
P. curvicollum,
Calypogea arguta,
Targionia hypophylla,
Corsinia marchantioides,
Riccia nigrella.

Il est assez curieux de noter que la plupart de ces espèces se rencontrent au Pont-Barré, sur les rochers et les coteaux du Layon, dont la flore phanérogamique présente également le caractère méridional nettement accusé.

Au point de vue géologique et d'une manière générale, le département de Maine-et-Loire se divise en deux parties à peu près égales, suivant une ligne dirigée du Nord au Sud et passant par Angers. A l'Ouest de cette ligne, dans les arrondissements de Cholet et de Segré, prédominent les roches siliceuses (schistes et granits) qui relient cette moitié de notre département d'une part à la Vendée, de l'autre à la Bretagne; à l'Est, au contraire, les roches calcaires occupent une vaste étendue et composent en majeure partie les arrondissements de Saumur et de Baugé. La distribution de beaucoup de nos Muscinées est en rapport direct avec ces deux grandes divisions dans la constitution chimique du sol.

Les espèces franchement calcicoles ou offrant une préférence bien marquée pour le calcaire sont :

Hypnum Sommerfeltii,
H. lycopodioides,
H. filicinum,
H. commutatum,
H. falcatum,
H. molluscum,
H. scorpioides,
Rhynchostegium algirianum,
R. curvisetum,
Eurhynchium circinatum,
Thuidium abietinum,
Philonotis calcarea,
Bryum murale,
Encalypta vulgaris,
E. streptocarpa,
Orthotrichum saxatile,
Grimmia crinita,
G. orbicularis,
Barbula aloides,
B. squamigera,
B. marginata,
B. vinealis,
B. gracilis,
B. revoluta,
B. inclinata,
Trichostomum tophaceum,
T. crispulum,
T. mutabile,
T. nitidum,
Didymodon rubellus,
Pottia cavifolia,
Leptotrichum flexicaule,
Fissidens crassipes,
F. rufulus,
Eucladium verticillatum,
Gymnostomum tenue,
G. calcareum,
Hymenostomum tortile,
Phascum bryoides,
P. rectum,
P. curvicollum,
Jungermannia nigrella.

Comme espèces le plus décidément silicicoles ou calcifuges, je citerai :

Plagiothecium denticulatum,
Eurhynchium myosuroides,
E. crassinervium,
E. Stokesii,
Brachythecium albicans,
B. plumosum,
Pterogonium gracile,
Heterocladium heteropterum,
Anomodon attenuatus,
Pterygophyllum lucens,
Leptodon Smithii,
Fontinalis squamosa,
Polytrichum juniperinum,
Pogonatum urnigerum,
Philonotis fontana,
Bartramia pomiformis,
Bryum pendulum,
B. alpinum,

Webera nutans,
Schistostega osmundacea,
Orthotrichum rupestre,
O. Sturmii,
O. anomalum (type),
O. rivulare,
Amphoridium Mougeoti,
Ptychomitrium polyphyllum,
Coscinodon cribrosus,
Hedwigia albicans,
Racomitrium aciculare,
R. protensum,
R. heterostichum,
R. hypnoides,
R. canescens,
Grimmia decipiens,
G. trichophylla,
G. leucophæa,
G. commutata,
G. montana,
Barbula princeps,
Campylopus flexuosus,
C. polytrichoides,
Dicranella heteromalla v. sericea,
Oncophorus Bruntoni,

Rhabdoweisia fugax,
Weisia cirrata,
Pleuridium subulatum,
Sarcoscyphus emarginatus,
S. Funkii,
Alicularia scalaris,
Plagiochila spinulosa,
Scapania compacta,
S. resupinata,
S. undulata,
Jungermannia albicans,
J. Schraderi,
J. ventricosa,
J. attenuata,
Lophocolea bidentata,
Bazzania trilobata,
Thricolea tomentella,
Madotheca lævigata,
M. platyphylla,
M. Porella,
Frullania Tamarisci,
Metzgeria furcata,
Targionia hypophylla,
Corsinia marchantioides,
Riccia Bischoffii.

Le *Cinclidotus fontinaloides*, rangé dans les calcicoles par Schimper et M. l'abbé Boulay (1), croît et fructifie abondamment aux environs d'Angers sur les rochers siliceux.

---

(1) Schimper, *Syn. Musc. eur.*, XLVIII. — Abbé Boulay, *Fl. crypt. de l'Est, Muscinées*, p. 126.

La hauteur moyenne de notre département au-dessus du niveau de la mer est de 15 à 40 mètres seulement, et, à l'exception de quelques-unes, la plupart de nos collines ne dépassent guère 80 mètres. Malgré cette faible altitude, le terrain, souvent accidenté et coupé de petites vallées humides, offre au botaniste un certain nombre d'espèces qui appartiennent plus spécialement à la région silvatique moyenne. Telles sont

Hylocomium loreum,
Hypnum falcatum,
Amblystegium subtile,
Plagiothecium silesiacum,
P. denticulatum,
Brachythecium plumosum,
Heterocladium heteropterum,
Pterygophyllum lucens,
Antitrichia curtipendula,
Pogonatum urnigerum,
Mnium punctatum,
Bryum alpinum,
B. pallens,
B. roseum,
Webera nutans,
Tetraphis pellucida,
Encalypta streptocarpa,

Orthotrichum rupestre,
O. stramineum,
O. Lyellii,
Amphoridium Mougeoti,
Ptychomitrium polyphyllum,
Coscinodon cribrosus,
Racomitrium aciculare,
R. protensum,
R. hypnoides,
Grimmia montana,
Barbula inclinata,
Dicranum montanum,
D. spurium,
D. undulatum,
Dicranella cerviculata,
Oncophorus Bruntoni,
Rhabdoweisia fugax,

et les espèces des tourbières :

Sphagnum...,
Hypnum vernicosum,
H. lycopodioides,
H. revolvens,
H. giganteum,

H. stramineum,
H. scorpioides,
Polytrichum commune,
Aulacomnium palustre,
Dicranum Bonjeani, etc.

dont la fréquence et le développement atteignent leur maximum dans les montagnes, vers la partie supérieure de la zone moyenne.

Enfin, la présence sur la roche de Mûrs, à moins de 50 mètres d'altitude, de :

Bryum pallescens,   Amblystegium leptophyllum,
B. cuspidatum,

qui sont plutôt des espèces alpines, constitue un fait de géographie botanique des plus intéressants.

DOCUMENTS BIBLIOGRAPHIQUES

Bastard (T.), *Essai sur la Flore du département de Maine-et-Loire*, in-12, 1809.

— *Supplément*, in-12, 1812.

Boreau (A.), *Nouveaux faits constatés relativement à l'histoire de la botanique en Anjou*, Mém. de la Soc. acad. de M.-et-L., 1871.

Boulay (l'abbé), *Flore cryptogamique de l'Est (Muscinées)*, in-8°, 1872.

— *Muscinées de la France (Mousses)*, gr. in-8°, 1884.

Bouvet (G.), *Essai d'un Catalogue raisonné des Mousses et des Sphaignes du département de Maine-et-Loire*, Bull. de la Soc. d'Ét. scient. d'Angers, 1873.

— *Plantes rares ou nouvelles pour le département de Maine-et-Loire*, Id., 1874.

Brin et **Camus**, *Notice bryologique sur les environs de Cholet*, Rev. bryol. 1878 n° 6, et 1879 n° 1.

Camus (F.), *Sur les collections bryologiques du Musée régional de Cholet*, Bull. de la Soc. des sc., lett. et beaux-arts de Cholet, 1890.

— *Note sur le Cryphæa Lamyana (Mont.)*, Bull. de la Soc. bot. de Fr., 1894.

Corbière (L.), *Muscinées du département de la Manche*, Mém. de la Soc. nation. des sc. natur. et mathém. de Cherbourg, gr. in-8°, 1889.

Desvaux (N.-A.), *Observations sur les plantes des environs d'Angers*, in-12, 1818.

— *Flore de l'Anjou*, in-8°, 1827.

Duby (J.-E.), *Botanicon gallicum*, 2ᵉ éd., 2 vol. in-8°, 1829.

Guépin (J.-P.), *Flore de Maine-et-Loire*, in-12, 1830.

— *Id.*, 2ᵉ éd., in-12, 1838.

— *Id.*, 3ᵉ éd., in-12, 1845.

— *Supplément à la 3ᵉ édition*, in-12, 1850.

— *Herborisations faites dans le département de Maine-et-Loire par divers botanistes angevins*, Biblioth. de la ville d'Angers, n°.1102 des manuscrits.

Husnot (T.), *Flore analytique et descriptive des Mousses du Nord-Ouest*, in-12, 1873.

— *Id.*, 2ᵉ éd., in-8°, 1882.

— *Session de la Société botanique dans le département de Maine-et-Loire*, Rev. bryol., 1875, n° 4.

— *Catalogue analytique des Hépatiques du Nord-Ouest*, in-8°, 1881.

— *Hepaticologia gallica*, in-8°, 1881.

— *Muscologia gallica*, 2 vol. gr. in-8°, 1884-1890.

Hy (l'abbé F.), *Note sur les herborisations de la Faculté des sciences d'Angers, Supplément au Catalogue des Mousses de Maine-et-Loire, Catalogue des Hépatiques observées aux environs d'Angers et dans le département de Maine-et-Loire*, Mém. de la Soc. nation. d'agr., sc. et arts d'Angers, 1880.

— *Deuxième Note sur les herborisations de la Faculté des sciences d'Angers en 1881*, Id., 1881.

— *Troisième Note sur les herborisations de la Faculté des sciences d'Angers en 1882*. Id., 1882.

— *Quatrième Note sur les herborisations de la Faculté des sciences d'Angers en 1887*, Id., 1887.

— *Muscinées rares ou nouvelles pour l'Anjou*, Congrès scient. d'Angers, 1895.

Merlet de la Boulaye, *Herborisations dans le département de Maine-et-Loire*, in-18, 1809.

Millet de la Turtaudière (P.-A.), *Indicateur de Maine-et-Loire*, 2 vol. gr. in-8° avec atlas, 1864.

Soland (A. de), *Notice sur la commune de Mûrs*, Ann. de la Soc. Linn. de M.-et-L., 1853.

Trouillard, *Catalogue des Mousses des environs de Saumur*, Ann. de la Soc. Linn. de M.-et-L., 1868.

Les diverses publications énumérées dans cette liste sont loin d'avoir la même valeur. Les unes se recommandent par l'exactitude et la précision de leurs renseignements ; d'autres, au contraire, parfois réduites à de simples listes, sans noms d'auteurs et sans indication de localités, n'ont qu'un intérêt purement rétrospectif.

Au point de vue de la synonymie, je me suis particulièrement appliqué à relever celle des flores locales et j'ai cité les noms employés par leurs auteurs, chaque fois qu'ils différaient de ceux que j'ai moi-même adoptés.

HERBIERS

Herbier général du Jardin des Plantes d'Angers, renfermant les mousses et hépatiques de Desvaux, Chaubard, Thuillier, une partie de celles de Bastard (certains genres font complètement défaut) et les doubles de la collection H. de la Perraudière, revus et communiqués par M. Bescherelle.

Herbier Boreau et *moussier*, également au Jardin des Plantes.

Herbier Guépin et *moussier*, à la bibliothèque de la ville.

Herbier Trouillard, déposé à la Faculté catholique d'Angers.

De toutes ces collections, les plus intéressantes au point de vue local sont incontestablement celles de H. de la Perraudière et de Trouillard. Les herbiers Bastard, Desvaux et Guépin ne sauraient être d'un grand secours en raison du peu de soin qu'on prenait à l'époque où ils ont été formés de noter la provenance exacte de chaque plante. Beaucoup d'étiquettes sont dépourvues de toute indication de localité ; d'autres ne portent que la mention vague : *Anjou*, qui ne prouve même pas que l'échantillon correspondant soit du pays, mais seulement que l'espèce fait partie de la flore. Souvent, enfin, les indications de localités angevines sont mêlées à d'autres sur la même carte, si bien qu'il est très dificile de reconnaître la plante du pays au milieu des échantillons de provenance étrangère qui l'accompagnent.

Notons, en passant, que les espèces suivantes, signalées par Guépin dans ses listes, ne sont représentées dans son herbier par aucun échantillon du pays :

Hylocomium umbratum,
Hypnum incurvatum,
H. Crista-castrensis,
H. dilatatum (H. molle),
Orthothecium rufescens,
Platygyrium repens,
Lescuræa striata,
Pterigynandrum filiforme,
Neckera pennata,
Diphyscium foliosum,
Mnium serratum,
Bryum inclinatum,
B. intermedium,
B. marginatum,
Funaria calcarea,
F. convexa,
Orthotrichum cupulatum,
Ulota Ludwigii,
Racomitrium fasciculare,
Distichium capillaceum,
Seligeria pusilla,
Dicranella Schreberi,
Weisia crispula,
Gymnostomum curvirostre,
Systegium crispum.

Que penser de cette anomalie? sinon que Guépin . n'a jamais recueilli ces espèces en Maine-et-Loire et qu'il s'est contenté de les admettre dans la flore par pure supposition, procédé blâmable qui ne justifie guère la réputation que le botaniste angevin s'était acquise en cryptogamie et diminue singulièrement la confiance qu'on peut avoir dans ses travaux.

SIGNES ET ABRÉVIATIONS

Hiv.	Hiver.	RR.	Très rare.
Pr.	Printemps.	Stér.	Stérile.
Aut.	Automne.	Fr.	Fructifie.
CC.	Très commun.	Fr. rar.	Fructifie rarement.
C.	Commun.	c. fr.	Avec fruit.
AC.	Assez commun.	p. p.	*Pro parte* (en partie).
AR.	Assez rare.		
R.	Rare.	v.	Variété.

*   Signe distinctif des sous-espèces.

?   Signe de doute.

!   Signe d'affirmation ; après un nom de localité, signifie que j'ai recueilli moi-même la plante dans la localité indiquée ou, tout au moins, vu des échantillons de provenance authentique.

Botanistes dont les noms suivent les indications de localités :

Bast.	Bastard.
Besch.	Bescherelle.
Bor.	Boreau.
Br. et Cam.	Brin et Camus.
Cam.	Camus (Dr F.).
Chev.	Chevallier (D^r).
Desv.	Desvaux.
Guép.	Guépin (D^r).
Lel.	Lelièvre (l'abbé).
Mill.	Millet de la Turtaudière.
de la Perr.	de la Perraudière.
Préaub.	Préaubert.
Rav.	Ravain (l'abbé).
A. de Sol.	Aimé de Soland.
Trouil.	Trouillard.

SPHAGNA

SPHAGNUM Dillen.

1 — S. cymbifolium Ehrh., *S. latifolium* Hedw., *S. obtusifolium* H. et T., *S. palustre* L., pr. parte.

Été. Marais tourbeux. C. Fr.

α. laxum Warnst. (type Card.). — Angers, les vieilles carrières de Saint-Augustin ! — Noëllet, tourbière de Bataille ! (Préaub.).

6. brachycladum Warnst. — Chaumont !

γ. congestum Schimp. — Dans les endroits plus secs : Durtal, étang des Landes ! (Préaub.). — Combrée (Rav.).

M. l'abbé Hy signale encore une variété de cette espèce à feuilles nettement squarreuses, décrite par Persoon et figurée par Hornschuch sous le nom de *S. tenellum :* landes de Seiches et tourbière de Noyant-la-Gravoyère. (Hy, *Suppl. au Cat. des Mousses de M.-et-L.*)

2 — S. rigidum Schimp.

Été. Bruyères et landes tourbeuses. AR. Fr. rar.

Étang de Cunault, c. fr. ! Chaumont ! Clefs, landes de Brestau, c. fr. ! — Landes de Seiches, Juigné-sur-Loire (Hy). — Saint-Barthélemy, à la Claie ! (de la Perr.). — Brain-sur-Allonnes, Courléon (Trouil.). — Soucelles (Lel.). — Baugé (Turpault).

6. compactum Schimp., *S. compactum* Brid. et auct., pr. parte. — Dans les endroits plus secs : Soucelles ! Clefs, landes de Brestau ! — Courléon (Trouil.).

γ. cyclophyllum Sull. et Lesq. — Lande de Soucelles !
(Hy).

3 — S. tenellum Ehrh., *S. molluscum* Bruch.

Été. Bruyères et landes tourbeuses. R. Fr.

Soucelles, c. fr. ! Courléon, c. fr. ! — Landes de Seiches
(localité en partie détruite) ; Chaumont, c. fr. ! (Hy).

4 — S. subsecundum Nees v. Es.

Été. Landes et marais tourbeux. AC. Fr. très rar.
Espèce très polymorphe :

α. molle Warnst. (type Card.). — Le Longeron, étang
des Garrières, c. fr. !

6. contortum Schimp., *S. contortum* Schultz. — Anciennes
carrières de Chanveaux ! Forêt d'Ombrée ! (Préaub.). —
Combrée (Rav.). — Saint-Barthélemy, à la Claie ! (deda Perr.).

γ. viride Boul. — Saint-Barthélemy, à la Claie ! (Préaub.).

δ. obesum Wils. — Forêt d'Ombrée !

5 — S. laricinum Spruce, *S. neglectum* Angstr.

Été. Étangs et marais tourbeux. RR.

Cholet, étang des Noues (Cam.).

6 — S. squarrosum Pers.

Été. Dans les endroits tourbeux, principalement sous
bois. RR.

Forêt de Brossay, près de la fontaine des Hermites (Hy).

Encore indiqué à Saint-Nicolas et au bois de la Haie près
d'Angers, à Saint-Barthélemy dans les bois de Verrières (Bast.),
à la Noisillerie et à la Périnière, commune de la Renaudière
(Br. et Cam.), mais certainement par confusion avec des formes
à feuilles squarreuses appartenant à d'autres espèces. C'est, du
reste, l'avis de M. Camus lui-même en ce qui concerne la plante
du Choletais (Cam., *Coll. bryol. du Mus. de Cholet*, p. 5). Toutefois,

l'herbier général du Jardin des Plantes d'Angers renferme de
très beaux échantillons de *S. squarrosum* avec cette mention :
Saint-Augustin près Angers. Malgré mes recherches, je n'ai pu
jusqu'ici retrouver cette espèce.

7 — S. fimbriatum WILS.

Été. Tourbières. RR. Fr.
Anciennes carrières de Juigné-sur-Loire ! (Lel.).

8 — S. acutifolium EHRH., *S. capillifolium* HEDW.

Été. Marais tourbeux. C. Fr. très rar. : étang de Vauzelles, à Brain-sur-Allonnes (Trouil.).

Espèce très polymorphe.

α. luridum HÜBN., *S. Russowii* WARNST. — Tourbières
de Chaumont ! Lande de Soucelles ! — Noëllet, tourbière
de Bataille ! (Préaub.).

Forma *cærulescens* SCHLIEPH., in CARD., *Sph. d'Eur.* —
Noëllet, mêlée au précédent ! (Préaub.).

6. patulum SCHIMP. — Chaumont ! — Noëllet, tourbière
de Bataille ! (Préaub.).

* S. rubellum WILS., *S. acutifolium* v. *rubellum* RUSS.
Noëllet, tourbière de Bataille ! (Préaub.).

9 — S. cuspidatum EHRH.

Été. Marais tourbeux. R. Fr. très rar.
Juigné-sur-Loire ! — Durtal, étang des Landes (Préaub.
sec. Husn.).

* S. recurvum PAL.-BEAUV., *S. intermedium* HOFFM.,
S. Mougeotii SCHIMP., *S. cuspidatum* v. *Mougeotii* BOUL.

Été. Tourbières. R. Stér.

α. majus ANGSTR. (type CARD.). — Juigné-sur-Loire (1869)!
Angers, dans les trous de Saint-Augustin !

MUSCI

PLEUROCARPI

HYPNACEÆ

HYLOCOMIUM Br. eur.

1 — H. splendens Br. eur., *Hypnum splendens*
Hedw., *H. proliferum* L., *Fl. suec.*

Pr. Bois montueux. C. Fr. très rar. : forêt de Combrée !
(Bast.) ; Fontevrault ! (de la Perr.).

H. umbratum Br. eur., *Hypnum umbratum* Ehrh. — Espèce
des hautes montagnes, à exclure de la flore bien qu'elle ait été
citée par Guépin dans ses listes (*Fl.*, éd. 3), sans doute par
confusion avec l'espèce précédente.

2 — H. brevirostre Br. eur. (nom. emend.),
Hypnum brevirostre Ehrh.

Pr. Escarpements humides et ombragés. R. Fr. rar.
Coteaux de Montreuil-Belfroy ! — Angers, bords de l'étang
Saint-Nicolas (Desv., *Obs.*). — Baugé (Chev.). — Coteaux de
la Moine, à la Séguinière et à la Renaudière, c. fr. (Br. et
Cam.). — Bois de Cholet, c. fr. (Cam.).

3 — H. squarrosum Br. eur., *Hypnum squarrosum* L.

Pr. Sur la terre, dans les endroits herbeux. CC. Fr. très
rar. : La Séguinière (Cam.).

4 — H. triquetrum Br. eur., *Hypnum triquetrum* L.

Hiv.-Pr. Haies, bois. CC. Fr. rar. : Angers, le bois de la
Haie! les Fourneaux! Chalonnes! (Bast.); Lué! (de la Perr.);
Saumur, au Bois-Doré (Trouil.); Cholet, coteaux de la Pierre-
Blanche (Br. et Cam.).

5 — H. loreum Br. eur., *Hypnum loreum* L.

Hiv.-Pr. Bois, bruyères. R. Fr. très rar.

Angers, bois de la Haie, c. fr.! (Bast. in herb.). — La
Séguinière, coteaux de la Moine, près la ferme de la Pierre-
Blanche (Br. et Cam.).

HYPNUM L., Schimp.

6 — H. elodes R. Spruce.

Pr. Prairies marécageuses. R. Stér.

Saint-Sylvain, au Perray! Doué-la-Fontaine, au Moulin-
Neuf! Volandry, à la queue de l'étang de Turbilly!

7 — H. Sommerfeltii Myr., *H. polymorphum*
Wils.

Été. Au pied des arbres, dans les endroits frais ou ombragés des terrains calcaires. RR. Fr.

Villevêque, à la Dionnière!

8 — H. chrysophyllum Brid., *H. polymorphum*
Br. eur. (non Wils.).

Été. Dans les endroits humides des terrains calcaires.
R. Fr. très rar.

Saint-Barthélemy, à la Chénurie (de la Perr.). — Brain-
sur-Allonnes, étang de Vauzelles, c. fr.; landes de Courléon
(Trouil.). — Entre Cholet et Trémentines (Cam.).

9 — **H. stellatum** Schreb.

Été. Prairies marécageuses, tourbières. AC. Fr. assez rar. : étangs de Chaumont ! Volandry, à l'étang de Turbilly !

6. **protensum** Schimp. — La Chapelle-Rousselin, à la ferme des Deux-Étangs ! Saint-Michel-et-Chanveaux, étang de Maumusson ! (Préaub.). — Au pied des arbres dans la forêt de Vezins, c. fr. (Br. et Cam.).

H. polygamum Schimp. — Une plante recueillie par M. Préaubert à Juigné-sur-Loire, dans un trou tourbeux, semble bien se rapporter à cette espèce dont elle ne serait qu'une forme modifiée par la submersion. A rechercher en meilleur état.

10 — **H. aduncum** Hedw.

Été. Prairies marécageuses, landes tourbeuses. AR. Stér.

Sainte-Gemmes-sur-Loire, à Empiré ! Saint-Sylvain, au Perray ! — Ła Breille, Courléon (Trouil.).

Forma *falcata* Ren., in Husn., *Muscol. gall.*, p. 369. — Angers (Renauld).

Forma *lœvis* Boul., *Musc. de la Fr.*, p. 60. — Maine-et-Loire, sans localité précise (de la Perr., in herb. Besch.).

* **H. Kneiffii** Schimp., *Syn.* éd. 1, *H. aduncum* v. *Kneiffii* Schp., *Syn.* éd. 2.

Été. Fossés humides. R. Stér.

Angers (de la Perr.). — Dampierre, à Saint-Vincent ! (Trouil.). — Liré (Cam.).

6. **pungens** H. Müll., in Milde (*Bryol. siles.*, p. 351). — Angers, les anciennes carrières de Saint-Augustin ! La Possonnière, dans un trou près de l'Alleu !

7. **laxum** Schimp. — Beaulieu, au Pont-Barré, dans une carrière abandonnée ! (forme curieuse, à distance presque égale des *H. fluitans* et *riparium* d'après M. Corbière, in litt.).

11 — H. lycopodioides SCHWÆGR., *H. diastro-phyllum* HEDW.

Été. Marais tourbeux, dans la région calcaire. R. Stér.
Étang de Marson, près Saumur ; Courléon, marais des Besses ! (Trouil.). — Baugé (Chev.).

12 — H. fluitans L.

Été. Mares et flaques d'eau des tourbières et des landes. AR. Fr. rar.
Juigné-sur-Loire, c. fr. ! — Angers, sur le bord des carrières abandonnées, c. fr. (Desv., *Obs.*). — Trélazé, carrière de l'Aubinière ! Saint-Martin-du-Fouilloux (Préaub.). — Bois de Saint-Léger ; Le Longeron, étang de Tiffauges (Br. et Cam.). — Courléon (Trouil.).
6. gracile BOUL., *Musc. de la Fr.*, p. 63. — Beaulieu, dans une carrière abandonnée !
γ. submersum SCHIMP. — Angrie, dans une ancienne carrière de schistes à barrettes, prés de l'étang ! (Préaub.).
δ. exannulatum REN., *Rev. Harp.*, 1879, *H. exannulatum* GÜMB. — Trélazé, trous de l'Aubinière ! (Préaub.). — Landes de Seiches (Hy).

13 — H. vernicosum LINDB.

Été. Marais tourbeux. RR. Stér.
Tourbières de Chaumont !

14 — H. revolvens SW.

Été. Tourbières. RR.
Landes de Seiches (Hy).
6. intermedium REN., *Rev. Harp.*, *H. intermedium* LINDB.
— Landes de Seiches (Hy).

H. uncinatum HEDW. — Un échantillon bien fructifié se trouve dans l'herbier Guépin avec la mention vague : *Anjou*. Le même auteur cite aussi cette espèce dans ses listes (*Fl*, éd. 3). A retrouver.

15 — H. commutatum HEDW., *H. glaucum* LK.

Pr. Bords des ruisseaux sur le calcaire. RR. Stér.

Marais de la Breille ! (Mesnet).

Cette espèce étant essentiellement calcicole, la localité du Bois de la Haie, près Angers, signalée par Bastard (*Suppl.*), me paraît plus que douteuse.

*** H. falcatum** BRID., *H. commutatum* v. *falcatum* BR. EUR.

Été. Bords des ruisseaux sur le calcaire. RR. Stér.

Étang du Bellay ! (Juignet.).

16 — H. rugosum EHRH.

Été. Coteaux, lieux secs et gramineux. R. Stér.

Le Vaudelnay, coteau des Garennes ! — Champigny, Montreuil-Bellay (Trouill.). — Saumur (Lel.). — Baugé (Turpault). — Liré (Cam.).

Le moussier de Guépin renferme un échantillon c. fr. indiqué comme provenant du Louroux (??).

H. incurvatum SCHRAD. — Signalé sans localité précise par Desvaux (*Obs.*) et par Guépin (*Fl.*, éd. 3) ; paraît bien douteux pour la région.

17 — H. cupressiforme L.

Hiv.-Pr. Rochers, murs, toits de chaumes, dans les bois au pied des arbres. CC. Fr.

Espèce très polymorphe :

β. **tectorum** SCHIMP. — Murs, toits, rochers : Sainte-Gemmes-sur-Loire ! — Choletais (Br. et Cam.).

γ. **brevisetum** SCHIMP. — Murs : Angers, en Frémur !

δ. **ericetorum** SCHIMP. — Bruyères humides : La Pointe, à Épiré ! Beaucouzé, bois de Molières ! — Courléon (Trouil.). — Choletais (Br. et Cam.).

ε. **mamillatum** BRID. — Rochers : Choletais (Br. et Cam.).

ζ. **longirostre** SCHIMP. (nom. emend.). — Au pied des arbres : Mûrs, bords de l'Aubance !

η. **filiforme** BRID. — Sur les arbres dans les bois : Soucelles ! — Choletais (Br. et Cam.).

* **H. resupinatum** WILS., *H. cupressiforme* v. *resupinatum* SCHP.

Hiv. Sur les troncs d'arbres et les rochers. R. Fr.
Coteaux de Montreuil-Belfroy ! Roche de Mûrs ! — Forêt de Chandelais (Hy).

18 — **H. arcuatum** LINDB.

Été. Prairies et landes humides des terrains argileux. RR.
Forêt d'Ombrée (Rav.).

19 — **H. molluscum** HEDW., *H. Crista-castrensis* Fl. fr., BAST. ! (non L.).

Pr. Sur les rochers, au pied des arbres et dans les marais tourbeux, surtout dans la région calcaire. AR. Fr. très rar.

α. **gracile** BOUL. (type AUCT.). — Angers, aux Fourneaux ! Landes de Chaumont ! Volandry, à la queue de l'étang de Turbilly ! Saumur, coteau du Petit-Puy ! — Saint-Sylvain, lande du Perray ! (Bor.). — Baugé ! (Bast.). — Champigny ; Saumur, au Bois-Doré, c. fr. (Trouil.). — Lué ! (de la Perr.). — Coteaux de la Moine, entre Cloppin et la Bretellière en Roussay (Br. et Cam.).

H. Crista-castrensis L., *H. Hedwigii* Fl. fr. — Bois de la Haie (Bast., *Suppl.*, p. 47) ; signalé aussi par Guépin dans ses listes (*Fl.*, éd. 3). Cette espèce subalpine n'appartient pas à notre flore et n'a pu être indiquée que par confusion avec *H. molluscum ;* il est facile de s'en convaincre par l'examen des échantillons de Bastard recueillis au Louroux-Béconnais et dans la forêt de Beaulieu (herb. Boreau).

H. palustre L., *H. molendinarium* Fl. fr., Bast. — Signalé par Bastard (*Essai*). L'herbier Guépin en renferme un échantillon c. fr. portant la mention vague : *Anjou*. A rechercher.

H. molle Dicks., *H. dilatatum* Wils. — Mûrs (A. de Sol., *Ann. Soc. Linn.*, 1853). Signalé aussi par Guépin dans ses listes (*Fl.*, éd. 3). Espèce des hautes montagnes, à exclure.

20 — **H. cordifolium** Hedw.

Pr.-Été. Fossés marécageux. AR. Fr. très rar.

Angers, à Saint-Nicolas ! (déjà signalé dans cette localité par Desvaux, *Obs.*) ; Juigné-sur-Loire, c. fr. ! Saint-Sylvain, au Perray ! — Saint-Barthélemy, bois de Verrières ! Pouancé, étang de la Forge ! (Préaub.). — Forêt d'Ombrée, c. fr. (Hy). — La Renaudière, à la Chevalerie et à la Bondussière (Br. et Cam.).

21 — **H. giganteum** Schimp.

Pr.-Été. Marais tourbeux. R. Stér.

Landes de Courléon ! (Trouil.). — Durtal (Préaub., sec. Husn., *Fl. du N.-O.*). — Landes de Seiches (Hy). — Baugé, Mouliherne (Lel.).

22 — **H. cuspidatum** L.

Pr.-Été. Prairies humides, marais tourbeaux. C. Fr.

23 — **H. Schreberi** Willd., *H. muticum* Sw., *H. parietinum* L.

Aut. Lisière des bois et des sapinières. C. Fr. très rar. : forêt de Fontevrault (Trouil.).

24 — **H. purum** L.

Hiv.-Pr. Haies, bois. CC. Fr. assez rar.

25 — **H. stramineum** Dicks.

Été. Tourbières et prés marécageux, souvent en société des *Sphagnum*. RR.

Mares de Juigné-sur-Loire (Hy). Déjà signalé par Guépin dans ses listes (*Fl.*, éd. 3).

26 — **H. scorpioides** L.

Pr.-Été. Landes et marais tourbeux, dans la région calcaire. R. Stér.

Étangs de Chaumont ! Landes de Seiches ! — Étang du Bellay ; marais des Landes, à Courléon ! (Trouil.).

AMBLYSTEGIUM Br. eur.

27 — **A. subtile** Br. eur., *Hypnum subtile* Hoffm., *Leskea subtilis* Hedw.

Été. A la base des troncs d'arbres. RR. Stér.

Forêt de Brissac, sur les bords du ruisseau ! — Bords de l'Authion, entre Sainte-Gemmes et les Ponts-de-Cé (Hy).

28 — **A. serpens** Br. eur., *Hypnum serpens* L.

Pr.-Été. Sur la terre, les pierres, les racines dans les endroits frais et ombragés. CC. Fr.

29 — **A. leptophyllum** Schimp. (*sub Hypnum*). *Bull. Soc. bot. de Fr.*, t. XIV, p. 260.

Pr.-Été. Dans les fissures des rochers humides. RR. Fr. Roche de Mûrs !

30 — **A. radicale** Br. eur., *A. varium* Lindb., *Hypnum radicale* Boul., *Musc. de la Fr.*, p. 73 (non Pal.-Beauv.).

Pr. Au pied des arbres dans les lieux humides. R. Stér.

Angers, rive droite de l'étang Saint-Nicolas (1875) ! Soucelles, route de la Roche, au-dessous de l'ancien étang de

la Filière ! — Pouancé, bords de l'étang de Saint-Aubin !
(Préaub.). — Landes de Seiches (Hy).

31 — A. Juratzkanum Schimp., *Hypnum Juratzkanum* Boul.

Pr. Sur les pierres et la terre humides. RR. Stér.
Chalonnes, vallon du Jeu, au moulin de l'Archéru !

32 — A. irriguum Schimp. Br. eur., *Hypnum irriguum* Hook. et Wils.

Pr. Sur les pierres dans les ruisseaux. R. Fr.
Angers, suintements humides des rochers de la Bau-
mette ! Dans un ravin sur la rive droite de l'étang Saint-
Nicolas ! Denée, à Mantelon ! Villevêque, sur le déversoir !
— Blou, au Marais (Trouil.).

6. spinifolium Schimp., *Syn.* éd. 2, p. 713 ; F. Renauld,
Rev. bryol., 1885, p. 56 ! *Hypnum Vallis-Clausæ* 6 *fallax*
(Brid., Schp.) Boulay, *Musc. Fr.*, p. 51 ! *Amblystegium
Vallis-Clausæ* v. *atrovirens* (Brid.) Corbière, *Musc. Manche*,
p. 311 ! — Savennières, dans un ruisseau près des Forges,
c. fr. !

C'est probablement à cette variété qu'il faut rapporter la
plante signalée à La Renaudière par MM. Brin et Camus, ainsi
que celle récoltée par M. Trouillard dans les fossés des landes de
Courléon.

* **A. fluviatile** Br. eur., *Hypnum fluviatile* Sw.

Pr. Sur les pierres dans les ruisseaux. R.
Sur les blocs de granit dans la Sèvre et la Moine (Cam.).

D'après M. Camus (*Collect. bryol. Mus. Chol.*, p. 4), l'*A. irriguum* du moulin Bouchot, près de Cholet, serait plutôt *A. fluviatile* « si tant est que ces deux plantes soient réellement
distinctes spécifiquement » ; à vérifier.

33 — **A. filicinum** DE NOT., *Hypnum filicinum* L.

Pr. Dans les prés tourbeux, au bord des rigoles et des ruisseaux, surtout dans la région calcaire. AR. Fr. très rar.

Saint-Sylvain, au Perray ! Moulin de Corzé ! Chaumont ! Volandry, étang de Turbilly ! La Meignanne ! La roche de Mûrs, dans les suintements humides ! Notre-Dame d'Allençon ! Distré, marais de Presle ! c. fr. (Trouil.). — La Breille (Lel.). — Landes de Courléon (Trouil.).

Forma *falcata* BOUL. — Doué, le Moulin-Neuf !

Forma *prolixa* de NOT. — Sur les murs souvent mouillés des moulins à eau : Moulin de Corzé ! Brissarthe, moulin de Villechien ! Montpollin, moulin de Sancé !

Cette forme présente des individus plus ou moins grêles dans la même localité.

A l'exemple de M. Husnot (*Muscol. gall.*), je réunis au genre *Amblystegium* le *Hypnum filicinum* qui se relie directement par l'*A. Vallis-Clausæ* à la var. *spinifolium* de l'*A. irriguum*.

* **A. Vallis-Clausæ** BRID. ; F. RENAULD, *Rev. bryol.*, 1885, p. 55 ! *Hypnum Formianum* SCHP., *Syn.* éd. 2, p. 741 ; *Amblystegium Formianum* Fiorini-Mazzanti.

Pr. Sur les pierres souvent inondées. RR. Stér.
Villevêque, sur les murs du moulin !

34 — **A. riparium** BR. EUR., *Hypnum riparium* L.

Pr.-Été. Ruisseaux, trous de carrières, étangs, sur les pierres et les vieux bois submergés ou souvent inondés. C. Fr.

Espèce très polymorphe.

α. **distichum** BOUL. — Angers ! Villevêque, sur le déversoir ! La Possonnière ! Saint-Aubin-de-Luigné !

Forma *elongata* BOUL. (var. *elongatum* SCHP.). — Angers !

Forma *limosa* BOUL. — Saint-Florent-le-Vieil, c. fr. !

Forma *longifolia* (var. *longifolium* Schp.) — Chalonnes, carrière Saint-Vincent !

 6. **abbreviatum** Schimp. — Cheffes, bois de Soudon, c. fr. !

 γ. **subsecundum** Schimp. — Villevêque, sur le déversoir, c. fr. ! ·

 δ. **trichopodium** Brid. — Rou-Marson !

PLAGIOTHECIUM Br. eur.

35 — **P. silesiacum** Br. eur., *Hypnum silesiacum* Selig., *H. repens* Poll.

Été. Dans les bois sur les souches pourries. RR. Fr. Coteaux de Montreuil-Belfroy !

36 — **P. denticulatum** Br. eur., *Hypnum denticulatum* L.

Pr.-Été. Dans les bois, sur les souches pourries et dans les anfractuosités des rochers siliceux. C. Fr.

 α. **majus** Boul. — Montreuil-Belfroy ! Roche de Mûrs !

 6. **densum** Schimp., forma *elliptica* Boul. — Roche de Mûrs !

 * **P. silvaticum** Br. eur., *Hypnum silvaticum* L.

Pr.-Été. Sur la terre dans les bois frais et couverts. AC. Fr.

37 — **P. elegans** Schimp., *Hypnum elegans* Hook.

Pr. Sur la terre, dans les anfractuosités des rochers siliceux ombragés. RR. Stér.

Bois de Cholet (Cam.).

P. undulatum Br. eur., *Hypnum undulatum* L. — Champigny-le-Sec (Merl. *Herbor.*, p. 108) ; Pouancé, aux Rochettes (Bast., ex Husn., *Fl. du N.-O.*, éd. 1) ; dans un marais entre La Roche-

fouque et Soucelles, trouvé une seule fois (Desv., *Obs.*, p. 27) ;
'Souzay (Mill., *Indic. M.-et-L.*). Guépin signale aussi cette espèce
dans ses listes, et son herbier en renferme un échantillon fructifié portant la mention vague : *Anjou.*

Il n'est pas impossible que le *P. undulatum* existe en Maine-
et-Loire, mais, dans tous les cas, il doit y être très rare. Bastard
lui-même ne le fait pas figurer parmi les plantes qu'il signale
aux Rochettes (*Suppl.*, p. 49), et mon ami Préaubert l'a vaine-
ment cherché dans cette localité. Je n'ai pu le retrouver à Soucelles, et les indications de Merlet et de Millet me paraissent des
plus sujettes à caution. La présence chez nous de cette belle
espèce demande donc à être constatée de nouveau.

THAMNIUM Br. eur.

38 — T. alopecurum Br. eur., *Hypnum alopecu-rum* L.

Hiv.-Pr. Talus humides des chemins creux et ombragés,
.bord des ruisseaux. AC. Fr. assez rar.

ϐ. elongatum Schimp. — Rochers humides au-dessous du
château d'Angers !

Forme stérile à tiges allongées, couchées, irrégulièrement
ramifiées, non dendroïdes.

RHYNCHOSTEGIUM Br. eur.

39 — R. algirianum Lindb., *R. tenellum* Br. eur., *Hypnum algirianum* Brid., *H. tenellum* Dicks.

Pr. Dans les endroits frais et ombragés, sur les pierres,
les rochers et les murs calcaires. R. Fr.

Angers, sur un mur près du ruisseau, entre la route de
Pruniers et la Chambre-aux-Deniers ! — Saumur, coteau
de la Loire entre le Petit-Puy et Beaulieu ! — La Rairie, près
Durtal, à l'entrée des caves ! (Bor.).

40 — R. curvisetum Schimp., *R. Teesdalei* Br. eur., *Hypnum curvisetum* Brid., *H. Schleicheri* de Not., *Eurynchium curvisetum* Husn., *Muscol. gall.*, p. 341.

Aut. Sur les pierres et les rochers humides, au bord des ruisseaux. R. Fr.

Moulin de Corzé! Doué-la-Fontaine au Moulin-Neuf! — Angers (de la Perr.). — Durtal! (Bor.). .

ß. Teesdalei Husn., *Fl. du N.-O.*, éd. 2, p. 145; *Eurynchium Teesdalei* Schp., *Hypnum Teesdalei* Sm.

RR. Saint-Sylvain, bois de la Dionnière, c. fr.!

41 — R. confertum Br. eur., *Hypnum confertum* Dicks.

Hiv. Sur les pierres, les rochers, les vieux murs, les racines, dans les endroits ombragés. C. Fr.

42 — R. megapolitanum Br. eur., *Hypnum megapolitanum* Bland.

Hiv.-Pr. Sur la terre sableuse ou caillouteuse dans les endroits ombragés. R. Fr.

Angers (de la Perr.). — Courléon, talus du chemin du Vau-Langlais! (Trouil.).

M. Camus m'ayant fait part des doutes qu'il avait sur l'identité de la plante indiquée dans sa *Notice bryologique* à la Maillochère, près de Cholet, c'est à dessein que je néglige cette localité.

43 — R. murale Br. eur., *Hypnum murale* Hedw.

Hiv.-Pr. A la base des vieux murs dans la région calcaire RR. Fr.

Courléon, chemin du Vau-Langlais (Trouil.). — Baugé (Turpault, in Mill., *Indic.*).

Cette espèce, essentiellement calcicole, est encore indiquée à Angers, Segré (Lcl.), Combrée (Rav., in Mill., *Indic.*), Cholet au

Quarteron (Br. et Cam.), etc., mais sans doute par confusion avec *R. confertum*. C'est, du reste, l'avis de M. Camus lui-même en ce qui concerne la plante du Choletais (*Coll. bryol. Mus. Chol.*, p. 4).

44 — **R. rusciforme** Br. eur., *Hypnum rusciforme* Weiss.

Aut. Déversoirs, chaussées des moulins, portes-marinières, sur les pierres et les bois souvent inondés. C. Fr.

α. **vulgare** Boul. (type). — Villevêque !

β. **squarrosum** Boul. — Saint-Aubin-de-Luigné, dans une fontaine !

γ. **prolixum** Brid. — Déversoir de Cheffes ! Moulin de Corzé ! Brissarthe, moulin de Villechien !

δ. **atlanticum** Brid. (var. *lutescens* Schp., *Syn.*). — Saint-Aubin-de-Luigné, dans le Layon ! Baugé, moulin de Choisellier !

ε. **laminatum** Boul. — Noyant-la-Gravoyère, étang de la Corbinière ! Montpollin, moulin de Sancé ! Brissarthe, moulin de Villechien !

ζ. **inundatum** Br. eur. — Gennes, dans un réservoir sur le chemin de la Pagerie ! Cheffes !

EURHYNCHIUM Br. eur.

45 — **E. myosuroides** Schimp., *Hypnum myosuroides* L.

Hiv.-Pr. A la base des troncs d'arbres, dans les bois montueux. C. Fr.

46 — **E. strigosum** Br. eur., *Hypnum strigosum* Hoffm., *H. thuringicum* Brid.

Hiv. Sur les pierres et à la base des troncs d'arbres, dans les lieux ombragés. RR. Stér.

Vivy, près Saumur (Trouil.).

Les localités d'Angers, Champtocé, citées dans mon *Essai*, sont à supprimer, les plantes qui en proviennent ayant été reconnues, après nouvel examen, comme appartenant d'une façon certaine à l'espèce suivante. C'est probablement aussi à l'*E. circinatum* qu'il faut rapporter le *H. strigosum* de Guépin.

47 — E. circinatum Br. eur., *Hypnum circinatum* Brid.

Hiv.-Pr. Sur les pierres et les rochers calcaires, les vieux murs. AC. Stér. Manque dans le Choletais (Cam.).

6. **deflexifolium** Boul., *Musc. Fr.*, p. 115 ; *Hypnum deflexifolium* de Solms., *Scorpiurum rivale* Schp., *Syn.* éd. 2, p. 855. — Saint-Florent-le-Vieil, sur les rochers au bas du coteau (1874) ! — Denée à Mantelon, sur un mur à suintements humides ! — Sur les blocs de granit, dans la Sèvre et la Moine (Cam.).

48 — E. striatum Br. eur., *Hypnum striatum* Schreb.

Hiv. Dans les bois, au pied des arbres. CC. Fr.

49 — E. crassinervium Br. eur., *Hypnum crassinervium* Tayl.

Hiv. Sur les rochers schisteux, dans les lieux frais et ombragés au bord des rivières. R. Stér.

Roche de Mûrs ! Pruniers, rochers des bords de la Maine ! Rochefort-sur-Loire, rocher de Saint-Symphorien ! — Juigné-sur-Loire ! Bords de la Divatte (Hy). — La Renaudière (Br. et Cam.).

E. Tommasinii Sendtn., *E. Vaucheri* Br. eur., *Hypnum Tommasinii* Boul. — C'est par suite d'une erreur de détermination que, dans mon *Essai* de 1873, j'indique cette espèce à Saint-Nicolas près Angers ; elle n'a pas encore été, que je sache, constatée dans nos limites.

50 — E. piliferum Br. eur., *Hypnum piliferum* Schreb.

Hiv.-Pr. Sur la terre, dans les haies, les prés, les bois. R. Fr. très rar.

Les Ponts-de-Cé, butte d'Érigné ! — Angers, la Baumette ; Mûrs, au bas des rochers (Hy). — Angers, les Fourneaux ! (Bast.). — Lué (de la Perr.). — Brezé, bois de Bournée, c. fr. (Trouil.). — Liré (Cam.).

51 — E. prælongum Br. eur., *Hypnum prælongum* L., *H. Clarioni* Fl. fr.

Hiv. Sur la terre, dans les haies et les bois. AC. Stér.

ϐ. **atrovirens** Schimp., *Hypnum atrovirens* Sw. — Sur la terre, dans les endroits humides : Le Vieux-Briollay ! — Durtal, c. fr. (Bor.).

γ. **rigidum** Boul. — Sur le calcaire. R. Saumur à Beaulieu ! Stér.

δ. **abbreviatum** Br. eur., *Eurynchium abbreviatum* Schp. — Sur les rochers siliceux. Angers, garenne Saint-Nicolas, c. fr. ! Mûrs, parois d'une grotte humide !

52 — E. pumilum Schimp., *E. prælongum* v. *pumilum* Br. eur., *Hypnum pumilum* Wils.

Hiv. Sur la terre humide, dans les chemins creux et ombragés. R. Stér.

Pruniers, à la Papillaye ! — Chênehutte-les-Tuffeaux ! Saumur (Trouil.). — Çà et là dans le Choletais : La Renaudière, etc. (Cam.).

53 — E. Stokesii Br. eur., *Hypnum Stokesii* Turn.

Hiv.-Pr. A terre, dans les haies et les bois, au pied des arbres. CC. Fr. Préfère les terrains siliceux.

SCLEROPODIUM Br. eur.

54 — S. cæspitosum Br. eur., *Hypnum cæspito-sum* Wils.

Hiv. Sur les rochers ombragés, au pied des arbres et des murs. C. Fr. rar. : Angers, la Baumette ! Roche de Mûrs ! Chalonnes, vallon du Jeu ! Saint-Florent-le-Vieil ! — Montreuil-Belfroy (Hy). — Maulévrier, La Séguinière, Beaupréau, Liré (Cam.). — Juigné-sur-Loire ! (Bor. in herb.).

55 — S. Illecebrum Br. eur., *Hypnum Illecebrum* Schwægr.

Hiv.-Pr. Sur la terre, dans les lieux gramineux. R. Fr. rar.

Angers, dans les champs sur la route de la Meignanne ! Sainte-Gemmes-sur-Loire, c. fr. ! — Brain-sur-l'Authion, près le château des Landes ! (Préaub.). — Chalonnes, c. fr. ! (Bast.). — Pouancé, dans la forêt de Juigné (Desv.). — Combrée, c. fr. ! (Bor. in herb.). — Pocé, c. fr. (Trouil.). — Baugé (Chev.). — Saint-Macaire, c. fr. (Br. et Cam.).

Les autres localités signalées dans mon *Essai* (1873) se rapportent à l'espèce précédente, dont certaines formes robustes sont faciles à confondre avec *S. Illecebrum.*

BRACHYTHECIUM Br. eur.

56 — B. salebrosum Br. eur., *Hypnum salebro-sum* Hoffm.

Pr. Sur les pierres et les racines au bord des chemins, dans les prés humides au bord des rivières. RR. Stér.

Corzé, prairie des Varennes, au bord du Loir ! — Saint-Florent près Saumur, talus au pied du mur du clos des Religieuses de Sainte-Anne (Trouil.). — Liré (Cam.).

6. **densum** SCHIMP. — Angers, anfractuosités humides des rochers de la Baumette, c. fr. !

57 — B. glareosum BR. EUR., *Hypnum glareosum* BRUCH.

Hiv. Bords des chemins, coteaux arides et découverts. R. Stér.

Rochefort-sur-Loire, au bas du rocher de Saint-Symphorien ! — Saint-Saturnin ! — Angers (Desv.). — Courléon (Trouil.). — Lué ! (de la Perr.). — La Chapelle-du-Genêt (Cam.).

58 — B. albicans BR. EUR., *Hypnum albicans* NECK.

Hiv. Bords des chemins sableux, pelouses schisteuses. AC. Fr. très rar. : Beaucouzé ! — Saumur, Vivy, Courléon (Trouil.).

59 — B. velutinum BR. EUR., *Hypnum velutinum* L.

Hiv. Sur la terre, les racines et les pierres, dans les endroits ombragés. C. Fr.

6. **prælongum** BR. EUR. — Angers, près de Molières !

60 — B. Rutabulum BR. EUR., *Hypnum Rutabulum* L.

Hiv. Sur la terre, dans les haies et au pied des murs. CC. Fr.

6. **flavescens** BR. EUR. — Montreuil-Belfroy ! Stér.

γ. **longisetum** BR. EUR. — Angers, bois de la Haie !

61 — B. rivulare BR. EUR., *Hypnum rivulare* BRUCH.

Hiv. Sur les pierres, au bord des ruisseaux. R. Stér.

Communs d'Écouflant! Chaumont, déversoir de l'étang de Malaguet! — Chênehutte-les-Tuffeaux (Trouil.).

Il faut sans doute rapporter à cette espèce une plante très commune sur les rochers inondés l'hiver au bas de Denée, mais complètement stérile.

62 — B. populeum Br. eur., *Hypnum populeum* Hedw.

Hiv. Sur les pierres et les racines des arbres. R. Fr.

Angers! (de la Perr.). — Chênehutte-les-Tuffeaux (Trouil.). — Noyant-la-Gravoyère, bords d'une fontaine à la Diaie (Rav.). — Baugé (Turpault). — La Renaudière, près La Chevalerie; La Séguinière, coteaux de la Pierre-Blanche (Br. et Cam.).

63 — B. plumosum Br. eur., *Hypnum plumosum* Sw.

Aut.-Hiv. Sur les pierres siliceuses dans les endroits humides, au bord des ruisseaux. R. Fr.

La Séguinière, La Renaudière (Br. et Cam.). — Noyant-la-Gravoyère (Hy).

6. homomallum Br. eur. — Bécon (Hy).

CAMPTOTHECIUM Br. eur.

64 — C. lutescens Br. eur., *Hypnum lutescens* Huds.

Hiv. Sur la terre, dans les haies, les broussailles, les lieux secs et incultes. C, surtout dans la région calcaire. Fr. assez rar.

65 — C. nitens Schimp., *Hypnum nitens* Schreb.

Été. Les tourbières. RR. Stér.

Courléon, marais de Continvoir (Trouil.).

HOMALOTHECIUM Br. eur.

66 — H. sericeum Br. eur., *Hypnum sericeum* L., *Leskea sericea* Hedw., *Isothecium sericeum* Spruce.

Hiv. Sur les troncs d'arbres, les ceps de vignes, les rochers, les murs. CC. Fr.

J'ai recueilli sur les rochers calcaires une forme stérile, beaucoup plus robuste que le type, à tiges appliquées, régulièrement pennées : Angers, aux Fourneaux ! Liré !

Orthothecium rufescens Br. eur., *Leskea rufescens* Schwægr. — Espèce des hautes montagnes, à exclure, bien qu'elle ait été indiquée par Guépin dans ses listes (*Fl.*, éd. 3).

ISOTHECIUM Brid., ex part.; Br. eur.

67 — I. myurum Brid., *Hypnum myurum* Poll., *H. curvatum* Sw., *Leskea myura* Boul.

Hiv.-Pr. Au pied des arbres, sur la terre et les rochers dans les bois. C. Fr.

PYLAISIA Br. eur., Schimp.

68 — P. polyantha Br. eur., *Hypnum polyanthos* Schreb., *Leskea polyantha* Hedw., *Isothecium polyanthum* Spruce.

Aut.-Hiv. Sur les ceps de vignes, plus rarement sur les troncs d'arbres. AR. Fr.

Sainte-Gemmes-sur-Loire ! Charcé, aux Haguineaux ! — Mûrs (A. de Sol.). — Saint-Barthélemy, Coutures, Montilliers (Hy).

CLIMACIUM Web. et Mohr.

69 — C. dendroides Web. et M., *Hypnum dendroides* L., *Leskea dendroides* Hedw.

Hiv. Sur la terre et les rochers ombragés, au bord des étangs et des tourbières. AC. Stér.?

L'herbier général du Jardin des Plantes d'Angers renferme un échantillon fructifié indiqué par Bastard comme recueilli à Soucelles.

Forma *inundata* Lor. — Plus grand dans toutes ses parties, tiges couchées à rameaux irréguliers, quelques-uns très allongés : Noyant-la-Gravoyère, étang de la Corbinière !

Platygyrium repens Br. eur., *Plerigynandrum repens* Brid., *Cylindrothecium repens* de Not. — La Renaudière (Br. et Cam.); signalé aussi par Guépin dans ses listes (*Fl.*, éd. 3), mais sans localité ! Espèce des montagnes, à exclure. M. Camus lui-même a reconnu que la plante du Choletais n'était que *Hypnum cupressiforme* (*Coll. bryol. Musc. Chol.*, p. 4).

Lescuræa (*Lesquereuxia* Lindb.) *striata* Schp., *Isothecium striatum* Spruce. — Baugé (Turpault, in Mill., *Indic.*, sub nom. *Pterigynandrum striatum* Hedw.); figure aussi sous ce nom dans Guépin (*Fl.*, éd. 3). Espèce des hautes montagnes, à exclure.

PTEROGONIUM Sw.

70 — P. ornithopodioides Lindb., *P. gracile* Sw., *Pterigynandrum gracile* Hedw., *Hypnum gracile* L., *Isothecium ornithopodioides* Boul.

Hiv. Sur les rochers schisteux ou granitiques, plus rarement sur les troncs d'arbres. C. Fr.

Pterigynandrum filiforme Hedw., *Pterogonium filiforme* Schwægr. — Cité par Guépin dans ses listes (*Fl.*, éd. 3). Espèce des hautes montagnes, à exclure.

LESKEACEÆ

THUIDIUM Br. eur.

71 — T. tamariscinum Br. eur., *Hypnum tamaris-cinum* Hedw., *H. proliferum* L., *Sp.*

Hiv. Sur la terre, dans les bois humides et montueux. C. Fr. assez rar.

72 — T. recognitum Lindb., *T. delicatulum* Br. eur. (non Lindb.), *Hypnum recognitum* Hedw.

Été. Sur la terre et les rochers. RR.
Juigné-sur-Loire, débris schisteux autour des trous (Hy). — Entre Cholet et Trémentines (Cam.).

73 — T. abietinum Br. eur., *Hypnum abietinum* L.

Été. Coteaux secs du calcaire. RR. Stér.
Fontevrault, Baugé (Bast. in herb.).

L'herbier de Guépin renferme un échantillon fructifié avec la mention vague : *Anjou* (??).

HETEROCLADIUM Br. eur.

74 — H. heteropterum Br. eur., *Hypnum hete-ropterum* R. Spruce.

Pr. Dans les fissures des rochers siliceux et ombragés. R. Stér.
Landemont, bords de la Divatte (Hy). — Assez commun dans la vallée de la Moine au-dessous de la Séguinière, très rare au-dessus de Cholet : La Tessoualle à La Tricouère (Br. et Cam.).

6. **fallax** MILDE. — La Chapelle-Saint-Florent, sur les bords de l'Èvre, à la Guérinière! — Plus commun que le type dans le Choletais (Br. et Cam.).

ANOMODON HOOK. et TAYL.

75 — A. attenuatus HARTM., *Leskea attenuata* HEDW.

Aut. Sur les vieilles souches et les rochers humides, au bord des rivières. RR. Stér.

Denée ! Rochers de Mûrs ! — Juigné-sur-Loire (Hy).

Les autres localités signalées par les auteurs : Angers, autour des carrières et sur les arbres près des rivières (Desv., *Obs.*, p. 25), Bouchemaine, Saint-Sylvain au Pont-aux-Filles et dans le chemin du Perray (Bast., *Herb. du Jard. des Pl.*), se rapportent à *Leskea polycarpa*.

76 — A. viticulosus HOOK. et TAYL., *Hypnum viticulosum* L., *Neckera viticulosa* HEDW., *Leskea viticulosa* SPRUCE.

Hiv. A la base des troncs d'arbres et sur les rochers, dans les bois, les chemins creux, surtout au bord des cours d'eau CC. Fr. assez rar.

LESKEA HEDW.

77 — L. polycarpa EHRH., *Hypnum medium* DICKS.

Été. A la base des troncs d'arbres inondés l'hiver, surtout des vieux saules et des peupliers. C dans les vallées. Fr.

6. **paludosa** SCHIMP., *Leskea paludosa* HEDW. — Sur les pierres et les rochers au bord des cours d'eau : Angers, à l'étang Saint-Nicolas !

HOOKERIACEÆ

PTERYGOPHYLLUM Brid.

.78 — **P. lucens** Brid., *Hypnum lucens* L., *Hookeria lucens* Sm.

Pr. Au bord des ruisseaux et des sources. R. Fr. très rar.
Bouchemaine, à la Rocherie ! Montreuil-sur-Loir, à l'Ouvrardière ! — Chalain-la-Potherie, c. fr. ! (Rav.). — Noëllet,
tourbière de Bataille ! (Préaub.). — Tourbière de Loiré, c. fr. !
(in herb. Bor.). — Saumur ! (Bast.).

NECKERACEÆ

ANTITRICHIA Brid.

79 — **A. curtipendula** Brid., *Neçkera curtipendula* Hedw.

Pr. Sur les troncs d'arbres et les rochers dans les forêts,
plus rarement sur les vieux murs. R. Stér. ?

Bois de Soucelles ! Baugé, forêt de Chandelais ! Saint-Jean-
des-Mauvrets, sur les murs ! — Angers, bois de la Haie ! (Bast.).
— Angers, route de Sainte-Gemmes (Hy). — Forêt de Fontevrault ! (de la Perr., Trouil.). — Beaupréau, sur des rochers
(Cam.).

Bastard l'indique encore dans la forêt de Pontron, aujourd'hui
presque entièrement défrichée.

Les échantillons de Bastard, conservés dans l'herbier général
du Jardin des Plantes, sont admirablement fructifiés.

LEUCODON Schwægr.

80 — **L. sciuroides** Schwægr., *Hypnum sciuroides*
L., *Fissidens sciuroides* Hedw., *Dicranum sciuroides* Sw.

Hiv.-Pr. Sur les troncs d'arbres et les ceps de vigne. C. Fr. très rar. : Bois de Cholet, La Renaudière aux Landes, Saint-Philbert au Grand-Boulay (Br. et Cam.) ; — Nyoiseau, Pontigné, Lasse, forêt de Chandelais près de la colonne (Hy).

Présente assez souvent un aspect particulier dû à de très nombreux ramuscules qui se développent à l'aisselle des feuilles.

Forma *falcata* BOUL. — Baugé, forêt de Chandelais (Hy).

HOMALIA BRID.

81 — H. trichomanoides BR. EUR., *Hypnum trichomanoides* SCHREB., *Leskea trichomanoides* HEDW.

Aut.-Hiv. Au pied des arbres dans les endroits frais et ombragés. AC. Fr. rar. : Angers, à la Halloperie ! Pruniers, bords du ruisseau de la Perrussaye ! Denée ! — Choletais (Br. et Cam.). — Fontevrault ! (de la Perr.).

NECKERA HEDW.

82 — N. pumila HEDW.

Pr. Sur les troncs d'arbres dans les forêts. RR. Fr. rar. Baugé, forêt de Chandelais sur les hêtres, c. fr. (1873) ! — Bois de Saint-Léger, près la ferme du Landreau ; forêt de Vezins entre Chanteloup et l'étang de Péronne ; la Renaudière, dans un bois près l'étang de la Foi (Br. et Cam.).

83 — N. crispa HEDW., *Hypnum crispum* L.

Pr. A la base des troncs d'arbres et sur les rochers dans les forêts montueuses et ombragées. R. Stér. Baugé, forêt de Chandelais ! — Forêt de Billot ! (de la Perr.). — Forêt de Pontron ! (Bast.). — Roussay, à La Chaise ; La Romagne, au Bouchot (Br. et Cam.).

Bastard et Guépin l'indiquent encore aux Fourneaux, près d'Angers, localité détruite.

84 — N. complanata Br. eur., *Leskea complanata* Hedw., *Hypnum complanatum* L.

Pr. A la base des troncs d'arbres et sur les rochers, les pierres, dans les endroits couverts. C. Fr. rar. : Angers, au-dessous de la Halloperie ! Baugé, forêt de Chandelais ! — Loiré, Chazé-Henry (Hy). — Gennes, les Tuffeaux (Trouil.). — Forêt de Billot ! (de la Perr.).

N. pennata Hedw., *Daltonia pennata* Arn. — Cité par Guépin dans ses listes (*Fl.*, éd. 3) comme appartenant à l'Anjou ; à rechercher.

LEPTODON Mohr.

85 — L. Smithii Mohr., *Plerigynandrum Smithii* Sw., *Hypnum Smithii* Dicks.

Pr. Sur les troncs d'arbres, les rochers siliceux. R. Fr. très rar.

Angers, à l'entrée de la route de Saint-Clément ! Sou-celles, dans le parc réservé du château ! Dolmen de Pon-tigné ! Dolmen de Bagneux près Saumur ! — Bouchemaine, sur de vieux frênes (Béraud in Guép., *Suppl.*, 1850). — Courléon (Trouil.). — Chazé-Henry, sur les buis du pres-bytère, c. fr. ! (Rav.). — Cholet à Millepieds ; Saint-Philbert au Grand-Boulay ; la Renaudière, rochers de Normandeau ! (Br. et Cam.).

CRYPHÆA Web. et Mohr.

86 — C. arborea Lindb., *C. heteromalla* Mohr., *Daltonia heteromalla* Hook. et Tayl., *Neckera hete-romalla* Hedw., *Sphagnum arboreum* Huds.

Pr. Sur les troncs d'arbres, plus rarement sur les pierres.
C. Fr.

* **Cryphæa Lamyana** Cam., *C. arborea* v. *aquatilis* Schp., *C. arborea* v. *Lamyana* Boul., *Daltonia Lamyana* Mont.

Sur les pierres et les rochers inondés, dans les rivières.

Le Longeron, dans la Sèvre, au moulin des Rivières! Saint-Crespin, dans la Moine, au moulin du Tail! (Cam.).

FONTINALACEÆ

FONTINALIS Dillen.

87 — **F. antipyretica** L.

Été-Aut. Dans les ruisseaux, les rivières, les étangs, sur les bois, les pierres et les rochers submergés. C. Fr.

88 — **F. Ravani** Hy, *Mém. Soc. agr. d'Angers*, 1882; *F. hypnoides* Hartm. v. *Ravani* Husn., *Muscol. gall.*, p. 287.

Pr. Les fossés d'eau stagnante, dans la vallée de la Loire. R. Fr. rar.

Rochefort-sur-Loire, au pied de Saint-Offange, c. fr.! Juigné-sur-Loire ! — Ile Saint-Jean-de-la-Croix, Saint-Germain-des-Prés (Hy).

89 — **F. squamosa** L.

Pr.-Été. Sur les pierres, dans les eaux courantes et non calcaires. RR.

Pouancé, ruisseau des Rochettes! (Bast.). — Sur les blocs de granit, dans la Sèvre (Cam.).

D'après M. Camus (*Coll. bryol. Mus. Chol.*, p. 4), la localité du pont de Clopin en Roussay (Br. et Cam.), est à supprimer.

ACROCARPI

BUXBAUMIACEÆ

BUXBAUMIA Hall.

90 — B. aphylla Hall.

Pr. Sur la terre dénudée, au bord des sentiers et des chemins creux dans les bois. RR. Fr.

Bois de Cholet, dans la futaie de Chêne-Landry, près du Logis-Lavaud, sur le revers d'un fossé, où il n'était qu'en très petite quantité et n'a pas reparu depuis 1876 (Br. et Cam.).

Diphyscium foliosum Mohr. — Signalé par Guépin dans ses listes (*Fl.*, éd. 3) ; à rechercher.

POLYTRICHACEÆ

POLYTRICHUM L.

91 — P. attenuatum Menz., *P. formosum* Hedw., *P. commune* Auct. andeg., p. max. p. (non L., nec Guép.).

Pr.-Été. Bois secs, bruyères. CC. Fr.

92 — P. commune L.

Été. Les tourbières. R. Fr. très rar.

Angers, rive droite de l'étang Saint-Nicolas, dans un trou tourbeux ! — Juigné-sur-Loire, les anciennes carrières, c. fr. !

(Lel.). — Chanveaux ! (Préaub.). — Beaucouzé (Bast.). — La Breille (Trouil.).

93 — **P. piliferum** SCHREB.

Pr.-Été. Les bruyères sèches, les rochers et les **murs** couverts de terre. C. Fr.

94 — **P. juniperinum** HEDW.

Pr.-Été. Dans les bruyères sèches et sur les murs couverts de terre. AC. Fr.

POGONATUM PAL.-BEAUV.

95 — **P. nanum** PAL.-B., *Polytrichum nanum* NECK., *P. pumilum* HEDW., *P. subrotundum* HUDS.

Hiv. Sur les talus et au bord des sentiers, dans les bruyères des terrains siliceux. C. Fr.

6. **longisetum** HAMP. — Juigné-sur-Loire !

96 — **P. aloides** PAL.-B., *Polytrichum aloides* HEDW.

Hiv.-Pr. Sur les talus et au bord des sentiers, dans les bruyères des terrains siliceux. AC. Fr.

6. **Dicksoni** HOOK et TAYL. (var. *defluens* [BRID.] SCHP., *Syn*.). — Beaulieu, au Pont-Barré !

97 — **P. urnigerum** RŒHL., *Polytrichum urnige-rum* L.

Aut. Au bord des chemins et des sentiers, dans les bruyères des terrains siliceux. RR. Fr.

La Renaudière (Br. et Cam.).

ATRICHUM Pal.-Beauv.

98 — A. undulatum Pal.-Beauv., *Polytrichum undulatum* Hedw., *Catharinea undulata* Web. et M., *Oligotrichum undulatum* Fl. fr., *Bryum undulatum* L.

Hiv. Sur les talus, à la lisière des bois humides et ombragés. CC. Fr.

6. minus Hedw. — Bauné, près de Briançon !

99 — A. angustatum Br. eur., *Catharinea angustata* Brid.

Hiv.-Pr. Sur la terre, au bord des sentiers, dans les bois, les bruyères. RR. Stér.

Angers, à Saint-Nicolas, sur les talus du champ de tir ; Soucelles, dans un champ en friche entre la lande et le ruisseau ! (Hy).

BRYACEÆ

PHILONOTIS Brid.

100 — P. fontana Brid, *Bryol. univ.; Bartramia fontana* Brid., *Mant.*

Été. Bords des sources et des petits ruisseaux, suintements des rochers humides. AC. Stér.

6. compacta Schimp. — Roche de Mûrs. Stér. !

* **P. marchica** Brid., *Bryol. univ.; Bartramia marchica* Brid., *Mant.*

Été. Sur les talus rocailleux humides, dans les chemins creux. R. Stér.

Cholet ; la Séguinière, à Vieilmur (Br. et Cam.).

Je crois devoir supprimer la localité de Saumur (Lel. sec. Husn.) que j'avais signalée dans mon *Essai*, mais qui n'a pas été reproduite par M. Husnot dans sa *Flore des mousses du Nord-Ouest*.

6. tenuis BOUL., *P. tenuis* CORB., *Musc. de la Manche*, p. 290 ; *P. capillaris* LINDB. ? — Pr. Sur la terre sèche et sablonneuse. RR : Saint-Sylvain, au Perray, sur les talus du chemin qui longe le bois (1875). ! Stér.

* **P. calcarea** SCHIMP., *Bartramia calcarea* BR. EUR.

Été. Au bord des sources et des petits ruisseaux, sur le calcaire. R. Stér.

Brain-sur-Allonnes, étang de Vauzelles ; la Pellerine, près Noyant ! (Trouil.).— Baugé (Chev.).

BARTRAMIA HEDW.

101 — **B. stricta** BRID., *B. ithyphylla* GUÉP. ! (non BRID.).

Pr. Dans les fissures des rochers. RR. Fr.
Beaulieu, rochers du Pont-Barré ! (de la Perr.).

102 — **B. pomiformis** HEDW., *B. vulgaris* Fl. fr., *Bryum pomiforme* L.

Pr. Dans les fissures des rochers siliceux et ombragés, sur les talus sableux, dans les bois, les chemins creux. C. Fr.

6. crispa SCHIMP., *B. crispa* Sw. — Coteaux de la Moine et de la Sèvre (Br. et Cam.).

AULACOMNIUM Schwægr.

103 — A. androgynum Schwægr., *Suppl. III;*
Mnium androgynum L., *Bryum androgynum* Hedw.,
Gymnocephalus androgynus Schw., *Suppl. I.*

Pr. Dans les fissures des rochers siliceux et ombragés,
sur les souches pourries et les talus sableux au bord des
chemins creux. C. Fr. très rar. : Montreuil-sur-Loir, au
tertre Monchaut ! Beaulieu, au Pont-Barré !

Le plus souvent les tiges sont dénudées à la partie supérieure
et terminées par un capitule formé de granulations pluricellu-
laires.

104 — A. palustre Schwægr., *Mnium palustre* L.,
Bryum palustre Sw.

Été. Dans les marais tourbeux parmi les *Sphagnum.* AC.
Fr. très rar. : Seiches, landes de Boudré !
6. polycephalum Schimp. — Saint-Sylvain, au Perray !
Juigné-sur-Loire !

D'après M. l'abbé Boulay cette variété ne serait qu'un état
pathologique de la forme commune.

MNIUM L., p.p.

105 — M. cuspidatum Hedw., *Bryum cuspidatum*
Schreb.

Pr. Sur la terre dans les bois. R. Stér.
Saint-Sylvain, à Jupille ! Bois de Soucelles ! — Angers,
chemin creux de la Papillaye (Guépin, *Not. manusc.*).

106 — M. affine Schwægr.

Pr. Dans les bois et sur les talus humides et ombragés des terrains siliceux. AC. Stér.

107 — M. undulatum Hedw., *M. ligulatum* Desv., *Bryum ligulatum* Schreb.

Pr. Sur la terre, au bord des ruisseaux, dans les endroits ombragés. AC. Fr. très rar. : Angers, en Reculée ! Feneu, à Sautré ! — Combrée, route du Bourg-d'Iré (Hy).

108 — M. rostratum Schwægr., *Bryum rostratum* Schrad.

Pr. Sur la terre et les rochers dans les endroits humides et ombragés. AC. Fr. très rar. : Roche de Mûrs !

109 — M. hornum L., *Bryum stellatum* Fl. fr.

Pr. Sur la terre, dans les ravins et les bois ombragés. C. Fr.

M. serratum Brid. — Espèce des montagnes calcaires, signalée à tort par Guépin dans ses listes (*Fl.*, éd. 3) ; à exclure.

110 — M. stellare Hedw.

Pr. Sur la terre, dans les lieux frais et ombragés. RR. Stér. Angers ! (de la Perr.).

111 — M. punctatum Hedw., *Bryum punctatum* Schreb.

Pr. Sur la terre, au bord des ruisseaux. AR. Stér.
Volandry, étang de Turbilly ! Baugé, bords du Grézillon ! — Saint-Barthélemy, bois de Verrières (de la Perr.). — Brain-sur-Allonnes, étang de Vauzelles (Trouil.). — Cholet, bords de la Moine; à la Côte ; la Romagne, au bord d'un ruisseau affluent de la Moine (Br. et Cam.).

BRYUM Dill., Schimp.

112 — B. roseum Schreb., *Mnium roseum* Hedw.

Aut. Sur la terre, au pied des arbres, dans les bois ombragés. RR. Stér.

Montreuil-sur-Loir (Hy). — Courléon, bois de la Chesnaie (Trouil.). — Environs du Ménil, près Candé (Desv., *Obs.*).

113 — B. pendulum Schimp., *B. cernuum* Br. eur.

Pr.-Été. Dans les terrains sableux. RR. Fr.

Écouflant, dans une sablonnière près de la gare ! (Hy).

B. inclinatum Br. eur. — Signalé par Guépin dans ses listes (*Fl.*, éd. 3) ; à rechercher.

B. intermedium Web. et Mohr. — Même observation.

114 — B. bimum Schreb.

Été. Dans les marais. R. Fr.

Sainte-Gemmes-sur-Loire, fouille d'Empiré ! — Beaucouzé ! (Bor.). — Courléon, marais des Besses (Trouil.).

115 — B. cuspidatum Schimp., *B. bimum* v. *cuspidatum* Br. eur., *B. affine* Lindb.

Pr. Fissures des rochers humides. RR. Fr.

Roche de Mûrs (1893) !

116 — B. pallescens Schleich.

Été. Fissures des rochers humides. RR. Fr.

Roche de Mûrs (1889) !

La présence de cette espèce et de la précédente, qui sont plutôt alpines, à moins de 50 mètres d'altitude est un fait de géographie botanique très remarquable.

117 — B. erythrocarpum Schwægr., *B. sangui-
neum* Brid.

Pr.-Été. Dans les bruyères, les clairières des bois. AR. Fr.
Bauné, près de Briançon ! Parnay, bois Joubert ! Montreuil-sur-Loir ! — Forêt de Fontevrault ! (Juignet). —
Saumur (Lel.). — Vivy, aux Coutures (Trouil.). — La Meignanne, à la Cailleterie ! (de la Perr.). — Noyant-la-Gravoyère,
landes de la Corbinière (Rav.). — Bois de Cholet, de Cléné,
de Vezins (Br. et Cam.).

118 — B. murale Wils., *B. erythrocarpum* v. *mu-
rorum* Schp.

Pr. Sur le mortier des murs. AR. Fr.
Sainte-Gemmes-sur-Loire ! Érigné, à Rochambeau ! Les
Lambardières ! Saint-Clément-de-la-Place ! Volandry, sur le
pont de Turbilly ! — Angers (Bor.).

B. marginatum Br. eur. — Angers (Guép.). Cette localité est à
supprimer, d'après Schimper, qui l'avait citée autrefois. L'auto-
nomie de l'espèce elle-même serait plus que douteuse (Boul ,
Musc. Fr., p. 252).

119 — B. atropurpureum Br. eur.

Pr.-Été. Sur la terre des murs et dans les endroits cail-
louteux. AR. Fr.
Angers, aux Fourneaux ! Sainte-Gemmes-sur-Loire ! Bécon,
les carrières de granit ! — Combrée (Rav.). — Saumur (Lel.).
— Chemillé, à la Ferté ! (de la Perr.). — Cholet (Br. et Cam.).

6. **dolioloides** Solms-Laub. — Angers, rochers Saint-Nicolas ! Sainte-Gemmes-sur-Loire ! Volandry, bords de l'étang
de Belleville !

B. versicolor A. Braun. — C'est par erreur que Boreau signale
la présence de cette espèce en Anjou (Bor., *Nouv. faits const.
relativ. à l'hist. de la bot. en Anjou*) ; elle n'y a jamais été
rencontrée que je sache.

120 — **B. alpinum** L.

Été. Dans les suintements des rochers siliceux, ou à fleur de terre autour des mares sur les schistes. AR. Fr. très rar.

Juigné-sur-Loire ! Sainte-Gemmes-sur-Loire ! Pruniers ! — Angers, rive gauche de l'étang Saint-Nicolas, c. fr. ! (Hy). — Segré, rochers des bords de l'Oudon (Rav.). — La Romagne, au Bouchot, c. fr. (Br. et Cam.).

121 — **B. cæspititium** L.

Pr.-Été. Sur les murs et les rochers. AR. Fr.

Angers, route d'Avrillé ! — Trélazé, sur les débris schisteux, à l'Aubinière ! (Préaub.). — Combrée (Rav.). — Commun aux environs de Saumur (Trouil.). — Choletais (Br. et Cam.).

6. **imbricatum** Br. eur. — Courléon, sur les murs de l'église, c. fr. (Trouil.).

B. badium Bruch, *B. cæspititium* v. *badium* Br. eur. — Un échantillon dans le moussier de Guépin avec la mention vague : *Anjou.* A rechercher.

122 — **B. argenteum** L.

Hiv.-Pr. Sur la terre des murs, les vieux toits, dans les interstices des pavés. CC. Fr.

6. **majus** Schimp. — Gennes, au pied des murs (Trouil.).

123 — **B. capillare** L.

Pr.-Été. Sur les murs, les rochers, les vieux toits, plus rarement au pied des arbres. CC. Fr.

Forma *mollis* Corb. in litt. — Denée, sur la terre humide dans les anfractuosités des rochers !

Voici ce que m'écrit M. Corbière au sujet de cette plante :

« Je ne crois pas que cette forme curieuse ait été jamais décrite.
« Peut-être est-elle due à la station humide. Elle se distinguerait
« par ses feuilles obovales, plus ou moins oblongues, *molles*,
« assez faiblement contournées par la sécheresse, *planes* ou
« légèrement révolutées dans le bas, entières, munies d'une
« *faible marge* de un à deux rangs de cellules pâles, allongées,
« qui se réunissent au sommet pour former exclusivement une
« pointe piliforme, flexueuse, à laquelle ne contribue en rien la
« nervure, qui s'arrête plus ou moins loin du sommet. »

6. torquescens HUSN., *Muscol. gall.*, p. 240, *B. torquescens* BR. EUR. — Dans les fissures des rochers. RR. Fr.
Beaulieu, rochers calcaires du Pont-Barré ! — Champigny-le-Sec (Besch., in Boul., *Musc. Fr.*).

124 — B. Donianum GREV.

Pr.-Été. Sur la terre humide des talus, au bord des chemins. RR. Fr.
Bauné, derrière Briançon !

125 — B. pseudotriquetrum SCHWÆGR., *B. ventricosum* DICKS.

Été. Dans les landes tourbeuses et les anfractuosités humides des rochers. AR. Fr. rar.
Saint-Sylvain, au Perray, c. fr.! Seiches, landes de Boudré, c. fr.! Volandry, étang de Belleville! Beaulieu, au Pont-Barré! Doué, au Moulin-Neuf! Pruniers, rochers des bords de la Maine! — Angers, à Saint-Nicolas (de la Perr.). — Beaucouzé, c. fr. ! (Bor. in herb.). — Noëllet, tourbière de Bataille ! (Préaub.). — La Renaudière, c. fr. (Br. et Cam.). — Courléon, Noyant, la Breille (Trouil).

126 — B. pallens SW.

Pr.-Été. Dans les anfractuosités humides des rochers. RR. Fr.
Montreuil-Belfroy (Hy).

WEBERA Hedw.

127 — **W. nutans** Hedw., *Bryum nutans* Schreb.

Pr.-Été. Sur la terre, dans les bruyères et les bois des terrains siliceux. R. Fr.

Juigné-sur-Loire! Lande de Soucelles! Forêt de Chambiers! — Courléon, dans les allées des sapinières de Mortrage (Trouil.).

128 — **W. annotina** Schwægr., *Bryum annotinum* Hedw., *B. decipiens* Fl. fr.

Été. Lieux sablonneux humides. RR.
Angers, coteaux Saint-Nicolas (Hy).

Encore indiqué à Montreuil-sur-Loir (Bouv., sec. Husn.), Courléon (Trouil.), la Renaudière (Br. et Cam.). Mais, d'après M. Husnot (in litt.), toutes ces indications doivent être considérées comme douteuses, et M. Camus lui-même a reconnu que la plante du Choletais n'était qu'une forme à innovations grêles du *Bryum erythrocarpum*.

129 — **W. carnea** Schimp., *Bryum carneum* L.

*Pr. Sur la terre humide, au bord des ruisseaux. RR. Fr.
Montpollin, près du moulin de Sancé (Bouv., sec. Husn.).
— Le Petit-Puy (Trouil.).

130 — **W. Tozeri** Schimp., *Bryum Tozeri* Grev.

Pr. Sur la terre argileuse ou caillouteuse des talus humides RR.
Brain-sur-l'Authion, dans un fossé près la vigne de la Chênurie! (de la Perr.).

LEPTOBRYUM Schimp.

131 — L. piriforme Schimp., *Bryum piriforme* Hedw., *Hist. Musc.* (non L.), *Webera piriformis* Hedw., *M. frond.*

Pr.-Été. Dans les fissures des rochers humides et ombragés ; sur la terre des pots, dans les serres. RR. Fr.

Angers, la Baumette! où Bastard l'avait signalé le premier ; dans les serres du Jardin botanique ! — Mûrs (A. de Sol.).

FUNARIACEÆ

FUNARIA Schreb.

132 — F. hygrometrica Hedw., *Mnium hygrometricum* L.

Pr.-Été. Sur la terre, au pied des murs ; dans les bois, plus particulièrement l'année qui suit un incendie ou sur l'emplacement des vieilles meules à charbon. CC. Fr.

F. microstoma Br. eur. — Landes et bruyères aux environs de Baugé (Turpault, in Mill., *Indic.*) ; à vérifier.

F. calcarea Wahlenb., *F. Mühlenbergii* Schw. — « In rupibus calcariis Andegaviæ Septentrioni expositis communis (cl. Guépin) de Bréb., *musc. exs.*, n. 64. » (Duby, *Bot. gall.*, p. 1036.)

Un échantillon stérile provenant de la Chênurie, près de Brain-sur-l'Authion, me paraît insuffisant pour affirmer l'existence de cette espèce en Anjou ; et, malgré la citation de Duby, je persiste à la considérer comme très rare dans notre région, si tant est qu'elle y existe.

6. hibernica Boul., *F. hibernica* Hook et Tayl. — Angers (herb. Maille, sec. Husn.). Figure aussi dans l'herbier de Guépin sous la mention vague : *Anjou ;* à rechercher.

γ. convexa Husn., *Muscol. gall.*; *F. convexa* R. Spruce, *F. serrata* Br. eur. — Espèce du Midi, signalée par Guépin dans la deuxième édition de sa *Flore*, supprimée dans la troisième ; à exclure.

ENTOSTHODON Schwægr.

133 — E. ericetorum Schimp., *Physcomitrium ericetorum* Br. eur., *Gymnostomum ericetorum* Bals. et de Not., *G. obtusum* Hedw., Bast. (non Turn.).

Pr.-Été. Sur la terre, au bord des sentiers, dans les landes et les bruyères. AR. Fr.

Angers, rive droite de l'étang Saint-Nicolas ! Chaloché ! Baugé, forêt de Chandelais! Clefs, landes de Brestau ! — Montreuil-sur-Loir (Guép., *Notes manusc.*). — Fontaine-Milon ! (Bor.). — Saumur, à Terrefort; forêt de Fontevrault (Trouil.). — Noëllet, tourbière de Bataille ! (Préaub.). — Bois de Cholet ! de Cléné, du Breil-Lambert ; la Renaudière ! (Br. et Cam.).

Les localités de Saint-Sylvain et de Pruniers, que j'avais signalées dans mon *Essai*, sont à supprimer.

134 — E. fascicularis Schimp., *Syn.*, éd. 1, p 317, *Funaria fascicularis* Schp., *Syn.*, add., p. 700, *Physcomitrium fasciculare* Br. eur., *Gymnostomum fasciculare* Hedw.

Pr. Sur la terre argileuse ou sableuse, dans les champs en friche et les lieux gramineux incultes. C. Fr.

PHYSCOMITRIUM Brid.

135 — P. sphæricum Brid., *Gymnostomum sphæricum* Schwægr.

Aut. Sur la terre argileuse humide, au bord des rivières ou dans les étangs en voie de se dessécher. RR. Fr.

α. **minor** Boul. — Pouancé, bords de l'étang de Saint-Aubin ! (Préaub.). — Les Ponts-de-Cé, bords de la Loire ; étang de Noyant-la-Gravoyère (Hy).

6. **major** Boul., *P. curystomum* Sendtn. — Étang de Cunault (Hy).

La plante des environs d'Angers, que j'avais cru devoir rapporter à cette espèce (*Essai*, p. 33), n'est que *P. piriforme*.

136 — P. piriforme Brid., *Gymnostomum piriforme* Hedw., *Bryum piriforme* L. (non Hedw.).

Pr. Sur la terre argileuse humide, au bord des ruisseaux. AC. Fr.

SPLACHNACEÆ. — *Splachnum ampullaceum* L. — Bastard (*Ess.*) et Guépin (*Fl.*, éd. 3) signalent cette espèce dans leurs listes ; l'herbier de Guépin en renferme un échantillon fructifié sous la mention vague : *Anjou*. A rechercher.

SCHISTOSTEGACEÆ

SCHISTOSTEGA Mohr.

137 — S. osmundacea Web. et Mohr.

Pr.-Été. Sur la terre humide dans les excavations des talus ombragés. RR. Fr.

Angers, rive droite de l'étang Saint-Nicolas ! Mûrs, au bas de la roche ! (Hy).

Le prothalle de cette espèce, qui possède la singulière propriété de décomposer la lumière en magnifiques reflets vert-émeraude, a été pris pour une algue et décrit comme tel par Bridel sous le nom de *Catoptridium smaragdinum*.

TETRAPHIDACEÆ

TETRAPHIS Hedw.

138 — T. pellucida Hedw., *Mnium pellucidum* L.

Pr.-Été. Dans les bois, sur les vieilles souches pourries.
R. Fr.

Coteaux boisés de la Mayenne, au-dessous d'Avrillé et à
Montreuil-Belfroy ! — Angers, bois de la Haie (Desv., *Obs.*).
— Bois de Soucelles ! (Bast.). — Mûrs (A. de Sol.). — Gennes,
Chênehutte-les-Tuffeaux (Trouil.). — Combrée (Rav.).

GRIMMIACEÆ

ENCALYPTA Schreb.

139 — E. vulgaris Hedw.

Pr. Sur les talus et les rochers des terrains calcaires, le
mortier des vieux murs. C. Fr. ; R. dans le Choletais (Cam.).

E. ciliata Hedw., *E. fimbriata* Brid. — Signalé par Bastard
(*Ess.*); espèce des hautes montagnes, à exclure.

140 — E. streptocarpa Hedw.

Été. Sur le mortier des vieux murs et les rochers calcaires.
RR. Stér.

Angers, chemin de Saint-Léonard, sur les murs du collège
Mongazon ! — Angers, chemin de la Barre (Hy). — Champigny-le-Sec, plateau de Fourneux (Trouil.).

ORTHOTRICHUM Hedw.; Schimp., *Syn.*

141 — O. rupestre Schleich.

Pr. Sur les rochers siliceux. RR. Fr.

5

Trélazé, sur un vieux toit d'ardoises près de l'Aubinière !
Marcé, sur des grès près l'étang de Beauce !

* **O. Sturmii** Hoppe et Hornsch.

Pr. Sur les rochers schisteux ou granitiques, les grès.
AR. Fr.

Angers, rive gauche de l'étang Saint-Nicolas ! Pruniers,
rochers des bords de la Maine ! Juigné sur-Loire (avec ten-
dance vers *O. rupestre*) ! — Combrée (Rav.). — Saint-Florent,
près Saumur ; Chénehutte-les-Tuffeaux (Trouil.). — Lué
(Lel.). — La Séguinière, rochers des coteaux de la Moine, à
la Pierre-Blanche et à Vieilmur (Br. et Cam.).

142 — O. anomalum Hedw.

Pr. Sur les pierres, les rochers schisteux, les toits en
ardoises. C. Fr.

* **O. saxatile** Wood., *O. anomalum* v. *saxatile* Vent., in
Husn., *Muscol. gall.*, p. 159.

Pr. Sur les rochers calcaires. R. Fr.

Angers, aux Fourneaux ! Liré ! Le Vaudelnay ! — Baugé
(Chev.).

O. cupulatum Hoffm. — Mûrs (A. de Sol., *Ann. Soc. Linn.*,
1853, p. 144). Figurait déjà dans les listes de Bastard (*Ess.*) et de
Guépin (*Fl.*, éd. 3) ; à rechercher ainsi que les variétés *riparium*
Br. eur. et *Rudolphianum* Schp. (*O. Floerkei* Hornsch.).

O. urnigerum Myr. — Espèce des montagnes, à exclure. La
plante de Pruniers que j'avais pensé pouvoir rapporter à ce type
(*Essai* 1873, p. 31) n'est que *O. Sturmii* H. et H.

143 — O. leiocarpum Br. eur., *O. striatum* Hedw., p.p.

Hiv.-Pr. Sur les troncs d'arbres, plus rarement sur les
rochers. AR. Fr.

Baugé, forêt de Chandelais ! Volandry, sur des blocs
siliceux près l'étang de Belleville ! — Sur les peupliers de la

route de Saumur à la Ronde (Trouil.). — Soucelles (Lel.). — Répandu, sans être abondant, dans le Choletais (Br. et Cam.).

144 — O. Lyellii Hook. et Tayl.

Pr.-Été. Sur les troncs d'arbres, principalement les peupliers et les chênes de futaie. AR. Fr. très rar.

Angers, bois d'Avrillé et de la Haie! Montreuil-sur-Loir! — Forêt d'Ombrée, c. fr. ! (Bor., in herb.). — Brain-sur-l'Authion (Préaub.). — Saumur, route de la Ronde (Trouil.). — Bois du Marsoleau, c. fr. ; Soucelles (Lel.). — Commun mais stérile dans le Choletais (Br. et Cam.).

145 — O. affine Schrad.

Pr. Sur les troncs d'arbres, les ceps de vigne. CC. Fr.

Varie, plus ou moins robuste. J'ai trouvé sur les peupliers des îles de la Loire, à Chalonnes, une forme qui, d'après M. Corbière (in litt.), tend vers *O. speciosum* Nees ab Es. par ses cils larges et papilleux.

6. neglectum Vent., in Husn., *Muscol. gall.*, p. 171 ; *O. neglectum* Schp. — Corzé, dans les Gravelles! Villevêque! Brain-sur-l'Authion, à la Chénurie !

146 — O. stramineum Hornsch., *O. patens* (Bruch).

Boul., *Musc. Fr.*, p. 336.

Pr.-Été. Sur les troncs d'arbres. RR.

Forêt de Chandelais, près Baugé, sur les hêtres (Hy).

O. Schimperi Hamm., *O. fallax* Schp., *O. pumilum* Br. eur. (non Sw.). — Indiqué par Guépin dans ses listes (*Fl.*, éd. 3). L'herbier du même auteur renferme un échantillon fructifié portant la mention vague : *Anjou, sur le frêne.* A rechercher.

147 — O. tenellum Bruch.

Pr. Sur les troncs d'arbres, principalement les ormes et les peupliers. AR. Fr.

Angers ! — Saint-Barthélemy ! Saint-Clément-des-Levées ! (Préaub.). — Vivy (Trouil.). — Cholet, à la Brétellière (Br. et Cam.).

6. **pumilum** Boul., *Musc. Fr.*, p. 335, *O. pumilum* Sw. — Sur les peupliers. R. Fr. : Chalonnes, île du Petit-Port Giraud ! Seiches, landes de Boudré ! — Baugé (Chev.).

Les autres localités, citées dans mon *Essai* (Angers, Saint-Barthélemy), se rapportent à *O. tenellum* Bruch.

O. pallens Bruch, *O. Rogeri* Brid.? — Indiqué par Guépin dans ses listes (*Fl.*, éd. 3). Je dois à l'obligeance de M. Boreau un échantillon fructifié provenant de Guépin lui-même et étiqueté : *Angers, sur le nerprun.* A retrouver.

148 — **O. rivulare** Turn.

Pr.–Été. Sur les rochers et à la base des troncs d'arbres baignés par les eaux. R. Fr.

Bords de la Mayenne, à la roche d'Épinard ! — Choletais, çà et là sur les blocs de granit dans la Sèvre et la Moine (Cam.).

149 — **O. diaphanum** Schrad.

Hiv.-Pr. Sur les pierres isolées, les arbres des jardins et des promenades. C. Fr.

150 — **O. obtusifolium** Schrad.

Pr. Sur les troncs d'arbres, principalement les peupliers. RR. Fr. rar.

Saumur, route de la Ronde, c. fr. (Trouil.). — Saint-Clément-des-Levées, près de la gare, mêlé à *O. tenellum* ! (Préaub.). — Liré, aux Fourneaux (Cam.).

O. gymnostomum Brid. — Signalé par Guépin dans ses listes (*Fl.*, éd. 3). Il est bien douteux que cette espèce rarissime ait été trouvée dans notre département ; l'échantillon conservé dans l'herbier du Dr Guépin lui-même, et indiqué comme provenant de Saint-Léonard, est marqué d'un ? ; à constater de nouveau.

ULOTA Mohr.

151 — U. crispa Brid., *Orthotrichum crispum* Hedw.

Été. Sur les arbres de futaie, principalement les hêtres.
AR. Fr.

Baugé, forêt de Chandelais ! — Forêt d'Ombrée ! Chaumont (Hy). — Brain-sur-Allonnes, bois de Vauzelles (Trouil.).
— Saint-Georges-sur-Loire, bois de Serrant ! (Desv.). —
Forêt de Pontron ! (Bast.). — Saumur, Lué (Lel.). — Bois de
Cholet, au Logis-Lavaud et au Landreau ; forêt de Vezins,
près de Chanteloup et de l'étang des Noues ; Gesté, futaie
de la Thévinière (Br. et Cam.). — La Renaudière ! (Brin). —
La Séguinière, coteaux de Pierre-Blanche (Mill., *Indic.*).

*** U. crispula** Brid., *Orthotrichum crispulum* Br. eur.

Pr. Sur les arbres dans les forêts. RR. Fr.

Forêt de Chandelais, sur les hêtres (Hy). — Bois de Cholet,
futaie du Chêne-Landry, près du Logis-Lavaud, c. fr. (Br.
et Cam.).

*** U. Bruchii** Brid., *Orthotrichum Bruchii* Wils.

Été. Sur les arbres des forêts. RR. Fr.

Bois de Soucelles, sur le *Sorbus torminalis* ! — Forêt de
Chandelais, près Baugé, sur les hêtres (Hy).

152 — U. phyllantha Brid., *Orthotrichum phyllanthum* Br. eur.

Pr. Sur les arbres et les rochers. RR. Stér.

Saint-Léger, bois de Cléné ; forêts du Breil-Lambert et de
Vezins ; route de Maillé à Vezins ; « probablement répandu,
mais presque toujours en touffes isolées » (Br. et Cam.).

Espèce du littoral qu'il est intéressant de retrouver dans l'intérieur des terres, à trente lieues environ de sa station habituelle.

U. Hutchinsiæ Schimp., *Orthotrichum Hutchinsiæ* Sm. — Angers, aux Fourneaux (Bouv., *Essai* 1873, p. 29). Indiqué par confusion avec *O. saxatile* Wood., que j'ai recueilli plusieurs fois depuis au même endroit.

Guépin signale aussi cette espèce dans ses listes (*Fl.*, éd. 3), et son herbier renferme des échantillons avec la localité : *Bécon, sur les grès.* A rechercher sur les rochers siliceux.

U. Ludwigii Brid., *Orthotrichum Ludwigii* Br. eur. — Indiqué par Guépin dans ses listes (*Fl.*, éd. 3). Espèce des montagnes, bien douteuse pour l'Anjou.

ZYGODON Hook et Tayl.

153 — Z. viridissimus Brid., *Gymnostomum viridissimum* Sm.

Pr. Sur les troncs d'arbres. AC. Fr. rar. : Sainte-Gemmes-sur-Loire, au Camp de César ! Saint-Florent-le-Vieil, route de Beaupréau ! Baugé, forêt de Chandelais ! — Combrée, Chazé-Henry (Hy). — Gesté, futaie de la Blottais ! La Renaudière, à la Vergne (Br. et Cam.).

6. **saxicola** Molendo, *Z. rupestris* Lindb. — Les vieux murs : Vernantes, sur le pont du Louroux (Trouil.).

Z. conoideus Hook. et Tayl., *Z. Brebissoni* Br. eur. — L'herbier de Guépin renferme un échantillon fructifié avec la localité : *Tiercé ;* à constater de nouveau.

154 — Z. Forsteri Wils., *Z. conoideus* Brid. (non H. et T.), *Z. conoideus* v. *succulentus* Hook. et Grev.

Pr. Sur les troncs d'arbres, principalement les saules et les vieux léards (*Populus nigra*). R. Fr.

Le Vaudelnay, entre la gare et la crête du calcaire jurassique ! — Angers ! (Guép.) ; — promenade de la Baumette (Hy). — Courléon, sur l'*Acer campestre* ! Vivy (Trouil.). — Baugé (Chev.). — Lué (de la Perr.).

AMPHORIDIUM Schimp.

155 — A. Mougeoti Schimp., *Zygodon Mougeoti*
Br. eur., *Anæctangium Mougeoti* Lindb.

Pr.-Été. Dans les fissures humides des rochers siliceux.
RR. Stér.

Landemont, bords de la Divatte (Hy). — La Renaudière !
(Brin). — Roussay, à la Chaise ; la Romagne, au Bouchot
(Br. et Cam.).

PTYCHOMITRIUM Br. eur.

156 — P. polyphyllum Br. eur., *Trichostomum
polyphyllum* Schwægr., *T. serratum* Fl. fr.

Pr. Sur les rochers schisteux ou granitiques. R. Fr.

Sainte-Gemmes-sur-Loire, très abondant sur le glacis nord
du chemin de fer, près du pont de Bouchemaine ! — Angers,
sur un mur schisteux ! (Guép., in herb. Boreau). — Angers,
dans une tranchée, près du passage à niveau du chemin de
fer de Segré, avant le Tertre-au-Jeau (Hy). — Bécon, ravin
des Coteaux, sur des blocs de granit ! (Hy). — Coteaux de la
Moine, au-dessus de la Séguinière, où il n'a pas reparu
depuis 1872; assez commun sur les rochers bordant la route
de la Séguinière à la Romagne (Br. et Cam.).

COSCINODON Spreng.

157 — C. cribrosus Spruce, *C. pulvinatus* Spreng.,
Grimmia cribrosa Hedw.

Pr. Sur les rochers et les débris schisteux, les murs en
pierres d'ardoise. R. Fr.

Les Ponts-de-Cé, sur le parapet de l'Authion ! Sorges !
Saint Barthélemy, à Pignerolles, à la Ranloup, etc. ! Assez
commun sur les débris d'ardoises à Trélazé, Saint-Léonard !
Rochers des bords de la Maine, entre Pruniers et Bouche-
maine ! — Segré, rochers des bords de la Verzée ! (Rav.). —
Baugé, sur le dolmen (Turpault).

HEDWIGIA Ehrh.

158 — H. albicans Lindb., *H. ciliata* Ehrh., *Gymnostomum ciliatum* Fl. fr., *Anictangium ciliatum*
Hedw., *Bryum apocarpum* v. 6 L.

Pr. Sur les rochers schisteux ou granitiques, les grès.
C. Fr.

6. **leucophæa** Schimp. — Commun sur les rochers schisteux des environs d'Angers ! Marcé, sur des grès près l'étang
de Beauce ! — Baugé (Chev.). — Rochers des Châtelliers
(Br. et Cam.).

7. **viridis** Schimp. — Marcé, avec la variété précédente !
— Répandu sur les coteaux de la Moine (Br. et Cam.).

Ces deux variétés passent de l'une à l'autre par une série de
formes intermédiaires.

RACOMITRIUM Brid.

159 — R. aciculare Brid., *Trichostomum aciculare* P. B.

Hiv.-Pr. Sur les pierres et les rochers siliceux humides
ou partiellement inondés. R. Fr.

Sainte-Gemmes-sur-Loire, sur le glacis nord du chemin de
fer près le pont de Bouchemaine ! — Noyant-la-Gravoyère,

cascade de la Corbinière ! Angrie (Rav.). — Rochers baignés par la Moine, entre la Séguinière et la Romagne (Br. et Cam.).

160 — **R. protensum** A. Braun.

Pr.-Été. Sur les rochers siliceux humides. RR.

Juigné-sur-Loire ; Chenillé-Changé, dans un suintement du coteau bordant la Mayenne (Hy).

161 — **R. heterostichum** Brid., *Trichostomum heterostichum* Hedw.

Pr. Sur les rochers siliceux. AC. Fr.

ϐ. **alopecurum** Hübn. — Coteaux de la Moine et de la Sèvre (Br. et Cam.).

γ. **gracilescens** Br. eur. (var. *microcarpum* Wahl.; Boul., *Musc. Fr.*, p. 360). — Coteaux de la Moine et de la Sèvre (Br. et Cam.).

R. fasciculare Brid., *Trichostomum fasciculare* Schrad. — Signalé par Guépin dans ses listes (*Fl.*, éd. 3). Espèce des montagnes, bien douteuse pour notre région ; à constater.

La plante signalée par Merlet à Saumur, sur les rochers au-delà du Pont-Fouchard, se rapporte très certainement au *R. canescens*.

162 — **R. hypnoides** Lindb., *R. lanuginosum* Brid., *Trichostomum lanuginosum* Hedw., *Bryum hypnoides* v. α L.

Pr.-Été. Sur les débris d'ardoises, les rochers siliceux, la terre sablonneuse dans les bruyères. AC. Fr. très rar. : Juigné-sur-Loire !

163 — **R. canescens** Brid., *Trichostomum canescens* Hedw., *Bryum hypnoides* v. ϐ L.

Pr. Sur la terre parmi les bruyères dans les landes sablonneuses, sur les débris d'ardoises. CC. Fr. très rar. : Angers !

(Bast., herb.); rochers de Saint-Maur (Guép., herb.); Baugé
(Chev.).

6. **ericoides** WEB.; BR. EUR.; *R. ericoides* BRID., *Trichostomum ericoides* SCHWÆGR. — Mêmes stations. CC.

Forma *epilosa* BOUL., *Musc. Fr.*, p. 358 (var. *epilosum*
H. MÜLL.). — Sur les rochers qui bordent la route de la
Séguinière à la Romagne (Br. et Cam.).

GRIMMIA EHRH.

164 — G. apocarpa HEDW., *G. apocaula* Fl. fr.,
Schistidium apocarpum BR. EUR., *Bryum apocarpum* v. α L.

Pr. Sur les rochers, les pierres des murs, les toits. C. Fr.

6. **gracilis** N. et H. — Les Lambardières, sur les pierres
de la levée de la Loire !

γ. **rivularis** N. et H., *G. rivularis* SCHWÆGR. — Sur les
pierres et les rochers souvent inondés : Bécon, sur les blocs
de granit dans le ruisseau des Coteaux ! — Juigné-sur-Loire
(Hy). — Combrée (Rav.). — La Moine et ses affluents ! (Br.
et Cam.).

165 — G. crinita BRID., *G. plagiopodia* BAST. ! (non
HEDW.).

Hiv.-Pr. Sur le mortier des murs exposés au midi. AR. Fr.

α. **brevis** BOUL. (type AUCT.). — Beaulieu ! Montreuil-
sur-Loir, murs du parc ! Seiches, au château du Verger !
Montpollin, parapet des douves du château de Sancé ! Clefs !
Entre le Vaudelnay et Baugé les Verchers, sur les pierres
du calcaire jurassique ! Saint-Cyr-en-Bourg ! — Angers,
château des Plaines de Rosseau ; Villevêque (Hy). — Noyant,

aux Cormiers ; Denezé-sous-le-Lude (Trouil.). — Baugé
(Chev.).

Je laisse à dessein de côté plusieurs autres des localités signalées en raison de la confusion possible entre cette espèce et
G. pulvinata v. *longipila.*

166 — G. orbicularis Br. eur., *G. africana* Arn.,
Dryptodon obtusus Brid. ex parte, Guép., *Fl.*, éd. 3
et herb.

Hiv.-Pr. Sur les murs et les rochers calcaires. AC. Fr.

ϐ. **longipila** Husn., *Muscol. gall.*, p. 134, *G. curvula* Husn.,
Fl. N.-O., p. p. (non Bruch). — Champigny-le-Sec, au bois
Choquet (Husn.).

167 — G. pulvinata Sm., *Dicranum pulvinatum*
Schw., *Bryum pulvinatum* L., *Fissidens pulvinata*
Hedw., *Dryptodon obtusus* Brid. ex parte, *Grimmia
obtusa* Guép. ? (non Schw.).

Hiv.-Pr. Sur les murs, les rochers, les blocs de pierre
isolés. CC. Fr.

ϐ. **obtusa** Hübn. — Champigny, sur les bancs calcaires
(Trouil.).

γ. **longipila** Schimp. — Angers, aux Fourneaux ! route
de Sainte-Gemmes ! etc.

168 — G. arenaria Hampe, *G. curvula* Bruch, Guép.,
Suppl. 1850, *G. curvata* (nom. corrupt.) Guép., *Fl.*,
éd. 2 et 3.

Hiv. Sur les rochers siliceux. RR. Fr.

Angers, rive gauche de l'étang Saint-Nicolas ! (Guép.).

D'après M. Husnot (*Muscol. gall.*, p. 133), les autres localités
signalées dans la région pour cette espèce se rapportent à
G. orbicularis v. *longipila.*

169 — G. decipiens Lindb., *G. Schultzii* Wils., *G. funalis* Br. eur., Guép., *Suppl.* 1850 (non Schp.), *Trichostomum funale* Guép., *Fl.*, éd. 1 et 2 (non Schw.), *Dryptodon funalis* Guép., *Fl.*, éd. 3.

Pr. Sur les rochers schisteux ou granitiques, les blocs de grès. C. Fr.

170 — G. trichophylla Grev., *Dryptodon tricho-phyllus* Brid.

Pr. Sur les rochers schisteux. AC. Fr. rar. : Beaucouzé, près de l'ancien étang de la Haie ! Roche de Mûrs ! Le Vaudelnay, bois au-dessus des carrières des Garennes ! — Çà et là, vallée de la Moine (Br. et Cam.).

6. meridionalis Schimp., *G. Lisœ* de Not., *G. subsquar-rosa* Wils. — Beaulieu, rochers du Pont-Barré ! Juigné-sur-Loire, sur un vieux mur schisteux ! Pruniers, rochers de la Rive ! Stér.

J'ai encore recueilli, à Beaulieu, sur les rochers du Pont-Barré, une plante qui, d'après M. Corbière, se rapprocherait beaucoup plus du *G. Mühlenbeckii* Schp. que du *G. trichophylla* type.

G. obtusa Schw. — Il est très probable que la plante signalée par Guépin sous ce nom dans la 1re et la 2e édition de sa *Flore* et supprimée dans la 3e ainsi que dans le *Supplément* de 1850, correspond à *G. pulvinata* Sm. (*Dryptodon obtusus* Brid. ex parte).

Le véritable *G. obtusa* Schw. (*G. Donniana* Sm.) est une espèce des hautes montagnes étrangère à notre région.

171 — G. leucophæa Grev., *Dryptodon leucophæus* Brid.

Pr. Sur les grès et les rochers schisteux exposés au soleil. C. Fr.

172 — G. commutata Hübn., *G. ovata* Lindb., Guép., *Fl.*, éd. 3 (non W. et M.), *Dicranum ovale* Hedw. ! Desv., *Obs.*, p. 22 ?

Pr. Sur les toits en ardoises et les vieux murs schisteux.
R. Fr.

Angers, sur un mur près de la Halloperie ! Trélazé, près
de l'Aubinière ! Sur les toits à Montreuil-Belfroy ! Épinard,
du côté de Cantenay ! Briollay ! Châteauneuf-sur-Sarthe !

Malgré mes recherches je n'ai pu retrouver cette espèce sur
les rochers avoisinant la Pierre-Bécherelle, aussi je me demande
si c'est bien elle que Desvaux avait en vue lorsqu'il indiquait le
Dicranum ovale dans cette localité.

Quant au *G. ovata* signalé par Guépin dans ses listes (*Fl.*, éd. 3),
il est très probable qu'il se rapporte au *G. commutata* Hübn. Dans
tous les cas, le véritable *G. ovata* W. et M. est une plante des
montagnes, bien douteuse pour notre région.

173 — **G. montana** Br. eur., *G. alpestris* Guép., *Fl.*, éd. 2 et herb. ! (non Schleich.).

Hiv.-Pr. Sur les rochers schisteux et granitiques. AR. Fr.

Angers, garenne Saint-Nicolas ! Roche de Mûrs ! Pruniers,
rocher de Grézille et sur les escarpements des bords de la
Maine, du côté de Bouchemaine ! — Avrillé, à la Plesse (Hy).
— Noyant-la-Gravoyère, rochers de la Corbinière (Rav.). —
Entre la Séguinière et la Romagne, sur le granit (Cam.).

Le véritable *G. alpestris* Schleich. est une plante des montagnes étrangère à notre région.

CINCLIDOTUS Pal.-Beauv.

174 — **C. riparius** Arn

Été. Dans l'eau courante, sur les pierres des déversoirs
et les vieux bois, surtout dans la région calcaire. R. Fr.

Villevêque ! Cheffes ! — Durtal (Brin). — Rochers de la
Loire, au bas d'Épiré (Hy). — Chaussée de la Mayenne, à
Grez-Neuville ! (Guép., herb.).

175 — C. fontinaloides Pal.-Beauv., *Trichostomum
fontinaloides* Hedw., *Fontinalis minor* L., *F. subulata* Merl., *Herbor.*, p. 114?

Pr.-Été. Au bord des rivières, sur les pierres, les rochers
siliceux (!) ou calcaires, les vieux bois et les troncs d'arbres
submergés ou souvent inondés. C. Fr.

6. **Lorentzianus** Molendo. — Saint-Aubin-de-Luigné, sur
les murs d'un moulin à eau, entre la Grande et la Petite
Guerche !

POTTIACEÆ

BARBULA Hedw.; Br. eur.

176 — B. atrovirens Schimp., *B. nervosa* Milde,
Desmatodon nervosus Br. eur., *Trichostomum con-
volutum* Brid., *T. nervosum* Guép., in herb., *Anacalypta nervosa* Guép., *Fl.*, éd. 2.

Pr. Sur les talus, les murs recouverts de terre. C. Fr.

6. **edentula** Schimp. — Beaulieu, vignes du Pont-Barré !

177 — B. ambigua Br. eur., *B. ericæfolia* (Neck.)
Corb , *Musc. de la Manche*, p. 244, *B. rigida* Brid.,
Guép.! (non Br. eur.).

Hiv. Sur les murs recouverts de terre. C. Fr.

*** B. aloides** Fürn., *Tortula rigida* Hook et Tayl., *Trichostomum aloides* Koch.

Hiv.-Pr. Sur la terre argilo-calcaire qui recouvre les vieux
murs et les rochers. AC. Fr.

Il n'est pas douteux que, sous les noms de *Tortula rigida* et
de *Barbula rigida*, Bastard (*Suppl.*) et Guépin (*Fl.*, éd. 3) n'aient
eu en vue des formes appartenant au *B. aloides* ou au *B. ambigua;*
la présence dans notre région du vrai *B. rigida* Br. eur. est
encore à constater.

Quant au *B. brevirostris* Br. eur., qui figure dans le moussier de Guépin sous la mention vague : *Anjou*, c'est une espèce des hautes montagnes, à exclure de notre flore.

178 — B. squamigera Viv., *B. membranifolia* Schultz, *B. chloronotos* Guép., *Fl.*, éd. 2! (non Bruch), *Tortula membranifolia* Hook.

Pr. Sur le ciment des murs, les rochers calcaires. AR. Fr.

Angers, sur plusieurs points de la ville ! Rochefort-sur-Loire ! Beaulieu, rochers du Pont-Barré, au-dessous de la Roche-Servière ! Les groùas de Martigné-Briand ! Seiches, murs du Verger ! — Saumur, la Butte-à-Ricasseau (Trouil.). — Beaupréau, la Renaudière (Br. et Cam.). — Cholet, RR. (Cam.).

179 — B. cuneifolia Brid., *Tortula cuneifolia* Roth, *T. latifolia* Bast. ?

Pr. Sur les talus, au bord des chemins. C. Fr.

180 — B. marginata Br. eur.

Pr. Sur les murs en tuffeaux, les rochers calcaires. R. Fr.

Les Ponts-de-Cé, sur les tuffeaux qui forment le glacis de la levée de Belle-Poule (1869) ! Champtocé, ruines du château! Saumur, dans les coteaux de la Loire, à Beaulieu et au Petit-Puy ! — Juigné-sur-Loire (Hy). — Sur les parois calcaires humides d'un chemin creux, entre Champigny et Saint-Vincent! (Trouil.).

La plante des Ponts-de-Cé a paru dans les *exsiccata* de M. Husnot (*Musc. Gall.*, n° 319).

181 — B. canescens Bruch, *Tortula canescens* Mont.

Pr. Sur la terre argileuse des vieux murs et les schistes en décomposition. AC. Fr.

182 — B. muralis Tɪᴍᴍ., *Tortula muralis* Hᴇᴅw., *Bryum murale* L.

Pr. Sur les murs, les rochers, les pierres, etc. CC. Fr.

6. æstiva Bʀɪᴅ. — Les murs en tuffeaux : Angers !

γ. incana Bʀ. ᴇᴜʀ. — Lieux secs et bien exposés : Chalonnes, à Ardenay !

δ. rupestris Sᴄʜᴜʟᴛᴢ. — Sur les rochers, dans les endroits frais : Pruniers, à la Rive ! Liré, aux Fourneaux ! Denée, à Mantelon !

183 — B. unguiculata Hᴇᴅw., *Tortula unguiculata* Rᴏᴛʜ, *B. cuspidata* Sᴄʜᴜʟᴛᴢ.

Pr. Sur les talus, les murs recouverts de terre, dans les champs incultes. CC. Fr.

Cette espèce présente des variations nombreuses mais de peu d'importance.

184 — B. mucronata Bʀɪᴅ., *Spec.* (1806), *B. Brebissoni* Bʀɪᴅ, *Br. univ.* (1826), *B. unguiculata* v. *latifolia* Bʀéʙ., *Cinclidotus Brebissonii* Hᴜsɴ., *Muscol. gall.*, *C. riparius* v. *terrestris* Bʀ. ᴇᴜʀ.

Pr. Sur les vieilles souches, au bord des rivières, les rochers inondés l'hiver, les chaussées des moulins. AC. Fr. rar. : île de Blaison ! Mûrs ! — Rochers des bords de la Moine : Cholet, le Carteron ; la Séguinière, sur les fermes de la Pierre-Blanche et de Vieilmur ; la Renaudière ! Roussay, au pont de Clopin (Br. et Cam.).

185 — B. fallax Hᴇᴅw., *Tortula fallax* Sw.

Hiv. Sur la terre au bord des chemins et sur les murs. C. Fr. ; RR. ou nul dans le Choletais (Cam.).

6. **brevifolia** Schultz, *B. brevifolia* Brid. — La planche
de Mozé ! Beaulieu, vignes du Pont-Barré ! Stér.

186 — **B. vinealis** Brid.

Pr. Sur les murs. AC. Fr.

* **B. cylindrica** Schimp., *B. vinealis* v. *cylindrica* Boul.,
Tortula insulana de Not.

Pr. Sur les vieux murs, les rochers, dans les endroits
humides et ombragés. AR. Fr. très rar.

Moulin de Corzé ! Le Vaudelnay, bois des Garennes, sur
des blocs siliceux ! Roche de Mûrs ! Liré (forme à feuilles
remarquablement allongées et flexueuses) ! — Assez répandu
dans le Choletais à l'état stérile ; fructifié à la Séguinière,
ferme de Vieilmur (Br. et Cam.).

6. **sinuosa** Lindb., *Dicranella sinuosa* Wils., *Didymodon
sinuosus* Schp. — RR. Stér. : Corzé, prairie des Varennes,
sur les pierres de rouissage, au bord du Loir ! — Calcaires
de Liré (Cam.).

187 — **B. gracilis** Schwægr.

Pr. Sur la terre dans les lieux incultes et dénudés des
terrains calcaires. R. Fr. très rar.

Angers, aux Fourneaux ! Martigné-Briand, friches des
Grouas ! — Saumur (Lel.). — Saint-Cyr, forêt de Fontevrault,
c. fr. (Trouil.). — Liré (Cam.).

188 — **B. Hornschuchiana** Schultz.

Pr. Sur les murs et les rochers. R. Fr.

Angers, aux Fourneaux ! Saint-Barthélemy, à Chaufour !
Rochefort-sur-Loire, piton porphyrique de Saint-Sympho-
rien ! Le Vaudelnay, carrière des Garennes ! — La Meignanne
(Hy). — Saumur, à Terrefort ! (Trouil., in herb. Boreau). —
Saint-Christophe, près de Cholet (Cam.).

189 — B. revoluta Brid. (1801), Schwægr. (1811), *Tortula revoluta* Schrad.

Pr. Sur le mortier des vieux murs. C. Fr.

190 — B. convoluta Hedw., *Tortula convoluta* Sw.

Pr. Sur le mortier des vieux murs et les emplacements des anciennes meules à charbon. AC. Fr.

191 — B. tortuosa W. et M., *Tortula tortuosa* Schrad., *Bryum tortuosum* L.

Pr.-Été. Sur les rochers calcaires. RR.

α. **fragilifolia** Sm. — Beaulieu, parmi les débris de rochers, au-dessous de la Roche-Servière, c. fr. junior. !

Le *B. tortuosa* est encore signalé par Merlet (*Herbor.*, p. 105) « au pied des vieux arbres, au-delà de Saumur, depuis les moulins de Dampierre, Souzay, allant du côté de Varrains » ; il figure aussi dans Guépin (*Fl.*, éd. 2 et 3). Ces auteurs ont eu probablement en vue le *B. squarrosa* Brid. ; le fait ne laisse même aucun doute en ce qui concerne Guépin dont les ouvrages ne mentionnent pas cette dernière espèce, bien qu'elle soit relativement commune et qu'il faille lui rapporter l'échantillon de provenance angevine étiqueté dans son herbier : *B. tortuosa*.

* **B. inclinata** Schwægr.

Pr. Sur les rochers calcaires. RR. Stér.
Beaulieu, rochers du Pont-Barré !

192 — B. squarrosa Brid., *Tortula squarrosa* de Not.

Pr. Sur la terre qui recouvre les murs et les pelouses rases des terrains calcaires ou siliceux. AC. Fr. très rar. : Beaulieu, rochers du Pont-Barré (un seul échantillon trouvé par mon ami Préaubert) !

193 — B. subulata Pal.-Beauv, *Tortula subulata*
Hedw., *Bryum subulatum* L.

Pr. Sur les talus sableux ou schisteux. Fr.
α. **integrifolia** Boul., *Musc. Fr.*, p. 410. — C.
6. **subinermis** Schimp. — R. Cholet (Br. et Cam.).

194 — B. inermis Bruch.

Pr. Sur la terre des murs. RR.
Angers (de la Perr.). — Sainte-Gemmes-sur-Loire (Bouv.,
sec. Husn., *Fl. N.-O.*, p. 77).

195 — B. latifolia Br. eur.

Été. Sur les vieilles souches et les rochers, au bord des
rivières. R. Stér.
Angers, rive droite de l'étang Saint-Nicolas! Mûrs, sur les
rochers au bord du Louet! — C dans la vallée de la Moine et
de quelques affluents (Br. et Cam.). — Liré (Cam.).

196 — B. lævipila Br. eur., *Syntrichia lævipila*
Brid.

Été. Sur les arbres. CC. Fr.

*** B. papillosa** C. Müll., *Tortula papillosa* Wils.

Pr. Sur les arbres des promenades publiques et sur les
vieux troncs de saules, au bord des rivières. R. Stér.
Angers, au Mail, sur les boulevards, aux Fourneaux!
Corzé, dans les Gravelles! — Briollay! (Préaub.). — Cholet,
au Jardin du Mail (Br. et Cam.). — Liré (Cam.).

197 — B. ruralis Hedw., *Tortula ruralis* Ehrh.,
Bryum rurale L.

Pr. Sur les rochers, les murs, les toits, à la base des
troncs d'arbres. C. Fr.

* **B. intermedia** SCHIMP., *B. montana* (NEES) CORB., *Musc. de la Manche*, p. 252, *B. ruralis* v. *rupestris* BR. EUR.

Pr. Mêmes stations que le type. CC. Fr.

* **B. ruraliformis** BESCH., *B. ruralis* v. *arenicola* BRAITHW.

Pr. Dans les sables et sur les rochers. C. Stér.

198 — **B. princeps** C. MÜLL., *B. Mülleri* BRUCH.

Pr. Sur les murs et les rochers schisteux. AR. Fr.
Angers (1868)! Juigné-sur-Loire! Saint-Jean-des-Mauvrets! Saint-Saturnin! Mûrs! Denée, à Mantelon! Sainte-Gemmes-sur-Loire! Pruniers, rochers de la Rive! Beaucouzé, près de l'ancien étang de la Haie!

La plante de Juigné a paru dans les *exsiccata* de M. Husnot (*Musc. Gall.*, n° 73).

DESMATODON BRID.

199 — **D. Guepini** BR. EUR., *Trichostomum Guepini* C. MÜLL., *Barbula Guepini* SCHP.

Pr. Sur la terre argileuse. RR. Fr.
Angers, sur les Fourneaux! (Guép., herb.) ; — retrouvé le long du chemin derrière Saint-Martin (Bouv., sec. Boul., *Musc. Fr.*, p. 439). — Angers, sur un talus sablonneux en Frémur, et au pied des falaises schisteuses sur la rive gauche de l'étang Saint-Nicolas ; Beaulieu, près du Pont-Barré ; associé partout au *Barbula atrovirens* (Hy).

Il est à noter que la plante du moussier de Guépin n'est pas le *Desmatodon Guepini*, mais bien le *Pottia Starkeana* v. *leucodonta* SCHP.

TRICHOSTOMUM Hedw., ex parte.

200 — T. tophaceum Brid., *T. brevifolium* (Dicks.) Corb., *Musc. de la Manche*, p. 241, *Didymodon trifarius* Hook. et Tayl. (non Sw.).

Hiv.-Pr. Sur les murs et les rochers avec infiltrations d'eau chargée de carbonate de chaux. R. Fr.

Saint-Maur, coteau de la Loire ! Moulin de Corzé ! Baugé, sur un mur, dans les prairies de la Motte ! Doué, au Moulin-Neuf ! — Saint-Sylvain, prés d'Écharbot (Hy). — Beaupréau (Cam.).

Très variable.

6. **acutifolium** Schimp. — Angers, en Reculée, dans un chémin creux ! Corzé ! Seiches, au moulin de Matheflon ! — Fr.

Forma *elata* Boul., *Musc. Fr.*, p. 449. — Doué, au Moulin-Neuf !

C'est encore à cette var. *acutifolium* qu'il est prudent de rapporter d'ici nouvel ordre certaines formes stériles d'une détermination difficile, et qui ne sont pas sans rapport avec *T. rigidulum* Sm. (*Barbula insidiosa* Jur., *B. spadicea* Mitt.). Telles sont une plante de Mûrs et une autre de Sainte-Gemmes.

201 — **T. crispulum** Bruch.

Pr. Sur les rochers calcaires et dans les anfractuosités des vieux murs. AR. Stér.

Espèce très polymorphe :

α. **typicum** Boul., *Musc. Fr.*, p. 446. — Angers, aux Fourneaux ! Beaulieu, rochers du Pont-Barré ! Martigné-Briand, rochers des Grouas ! — Plateau de Fourneux, près Saumur (Trouil.). — Champigny-le-Sec (Besch.).

6. **angustifolium** (Br. eur.) Boul., loc. cit., p. 446, *sensu lato*. — Beaulieu, rochers du Pont-Barré, au-dessous de la

Roche-Servière ! Liré, aux Fourneaux ! Entre le Vaudelnay et les Verchers, sur la crête du calcaire jurassique !

Forma *brevifolia* (var. *brevifolium* BR. EUR.). — Le Vaudelnay, Garennes de Montreuil !

Forma *longifolia* (var. *longifolium* SCHP., *Syn.*). — Angers, aux Fourneaux !

202 — **T. mutabile** BR. EUR., *T. brachydontium* BRUCH.

Pr. Sur les rochers calcaires, très rarement sur les rochers siliceux. R. Fr. rar.

Beaulieu, rochers du Pont-Barré, c. fr. ! (détermination confirmée d'une façon positive par MM. Husnot et Corbière); roche de Mûrs ! (forme extrêmement voisine du *T. littorale* MITT., ex Corb., in litt.). — Liré; la Séguinière, aux Châtelliers (Cam.).

203 — **T. nitidum** SCHIMP.

Pr. Sur les rochers calcaires. RR. Stér.

Seiches, déversoir de Matheflon !

6. **subtortuosum** BOUL., *Musc. Fr.*, p. 445. — Beaulieu, rochers du Pont-Barré !

D'après M. l'abbé Boulay (loc. cit. et in litt.), cette variété n'est pas sans présenter de nombreuses affinités, quant au système végétatif, avec le *B. tortuosa* v. *fragilifolia* que, d'ailleurs, j'ai recueilli dans la même localité. Des échantillons bien fructifiés seraient indispensables pour élucider la question; malheureusement, je n'ai trouvé jusqu'ici que des plantes stériles ou munies de capsules trop jeunes et mal développées.

Il faut bien le reconnaître, l'étude de ces formes stériles est extrêmement difficile et j'avoue bien franchement que je conserve des doutes à l'égard de plusieurs d'entre elles. Je ne serais nullement surpris, par exemple, que *Barbula tortuosa* v. *fragilifolia*, *B. inclinata* et *Trichostomum nitidum* v. *subtortuosum*, qui croissent ensemble sur les rochers du Pont-Barré, ne répondissent à des formes diverses d'une seule et unique espèce, peut-être *T. mutabile*.

DIDYMODON Hedw.

204 — D. rubellus Br. eur., *Weisia recurvirostra* Hedw.

Aut. Sur le mortier des vieux murs, plus rarement sur les affleurements calcaires. AR. Fr.

Angers, au Jardin des Plantes ! Beaucouzé, sur les murs d'une ancienne fabrique, à la queue de l'étang Saint-Nicolas ! Montreuil-Belfroy ! Brissac, parc du château ! Saint-Florent-le-Vieil, coteaux de la Loire et au Grand-Moulin, sur la route de Beaupréau ! Bois de Soucelles ! — Candé, à mi-route d'Angrie (Hy). — Calcaires de Coutures ! (Provost). — Saumur, au Bois-Doré (Trouil.). — La Renaudière (Br. et Cam.).

6. **dentatus** Schimp. — Sur les racines submergées, dans le parc de Brissac (Hy).

205 — D. luridus Hornsch., *D. trifarius* Sw. (non H. et T.).

Hiv.-Pr. Sur les murs. RR. Fr.

Angers, en Reculée, dans un chemin creux (1873)! Rochefort-sur-Loire, rochers de Saint-Symphorien ! — Beaucouzé (Hy). — Saumur (Guép., sec. Duby, *Bot. gall.*, p. 1037). — Courléon (Trouil.). — Cholet, à la Moinie ; Maulévrier (Cam.).

POTTIA Ehrh.

206 — P. cavifolia Ehrh., *P. pusilla* Lindb., *Gymnostomum ovatum* Hedw.

Pr. Sur les talus et les pelouses rases des terrains calcaires, plus rarement sur les murs recouverts de terre argileuse. AC. Fr.

6. **epilosa** Schimp. — Martigné-Briand, aux Grouas!
Signalé par erreur, à Angers, dans mon *Essai* 1873, p. 16.

207 — P. truncata Fürn., *P. truncatula* Lindb.,
Gymnostomum truncatulum Hedw., *Fund.*, *G. truncatum* Hedw., *Musc. frond.*

Pr. Sur la terre nue dans les champs argileux ou sableux, sur les murs, les talus, etc. CC. Fr.

*** P. intermedia** Fürn., *P. truncata* v. *major* Br. eur., *P. lanceolata* v. *intermedia* Mild., *Gymnostomum intermedium* Turn.

Pr. Sur la terre, dans les champs argileux et humides. AR. Fr.

Angers! Saint-Jean-des-Mauvrets! Mûrs! Beaulieu, au Pont-Barré! Saint-Pierre-Montlimart! — Cholet (Br. et Cam.).

P. Heimii Fürn., *Gymnostomum Heimii* Hedw. — Angers (Desv., *Obs.*, p. 21); indubitablement par confusion avec *P. intermedia*. Le vrai *P. Heimii* Fürn. est une espèce propre aux lieux humides et saumâtres du littoral.

208 — P. Mittenii Corb., *Musc. de la Manche*, p. 234.

Pr. Sur la terre sablonneuse dans les landes, plus rarement sur les murs ou les talus. Fr.

α. **Wilsoni** Corb., loc. cit , p. 235, *P. Wilsoni* Br. eur. — AR. Angers, sur plusieurs points! Soucelles! Seiches, landes de Boudré! — Chemillé (de la Perr.). — Cholet (Genevier).

6. **viridifolia** Corb., loc. cit., *P. viridifolia* Mitt. — R. Montreuil-sur-Loir, route du Tertre-Monchaut!

209 — P. lanceolata C. Müll., *Anacalypta lanceolata* Rœhl., *Grimmia lanceolata* Schrad., *Weisia
lanceolata* Brid.

Pr. Sur les murs, les talus, dans les champs et les prés
des terrains argileux ou calcaires. C. Fr.

6. **albidens** Corb. in *Rev. bryol.*, XXII (1895), (var. *leucodonta* Auct. mult., non Schp., ex Venturi). — Pruniers,
champs de la Rive, avec le type !

210 — P. Starkeana C. Müll., *Anacalypta Starkeana* Nees et Hornsch., *Weisia Starkeana* Hedw.

Pr. Sur la terre qui recouvre les murs, dans les champs
et les allées des jardins. AC. Fr.

6. **leucodonta** Schimp. (Venturi), *P. leucodonta* Boul.,
Musc. Fr., p. 473. — Angers, route d'Épinard ! Beaulieu,
au Pont-Barré !

γ. **brachyoda** Lindb., *P. minutula* v. *brachyoda* Husn.,
Muscol. gall., p. 78, *Gymnostomum conicum* Schw. — Saint-
Barthélemy, à Chaufour ! Martigné-Briand !

* **P. minutula** Br. eur., *P. Starkeana* v. *minutula* Corb.,
Musc. de la Manche, p. 239.

Mémes stations. R. Fr.

Seiches, chemin de Matheflon ! — Angers près du
Pressoir-Cornu, Pruniers, la Possonnière, Coutures (Hy). —
Carrières de Liré (Cam.).

P. cœspitosa C. Müll., *Anacalypta cœspitosa* N. et H. — Guépin
signale cette espèce dans ses listes (*Fl.*, éd. 2 et 3) et son herbier
renferme un échantillon fructifié portant la mention vague :
Anjou, coteaux calcaires ; à rechercher.

Distichium capillaceum Br. eur., *Didymodon capillaceus* Web.
et Mohr. — Espèce des montagnes, bien douteuse pour notre
région, bien qu'elle ait été signalée par Guépin dans ses listes
(*Fl.*, éd. 3). La plante de Montreuil-sur-Loir (de la Perr.), conser-

vée dans l'herbier du Jardin des Plantes d'Angers, n'est autre
chose que l'*Eucladium verticillatum* Br. eur.

LEPTOTRICHUM Hampe, *Ditrichum* Timm.

211 — L. flexicaule Hampe, *Ditrichum flexicaule*
Lindb., *Trichostomum flexicaule* Br. eur.

Pr.-Été. Sur la terre, dans les lieux incultes et pierreux
des terrains calcaires. AR. Stér.

Martigné-Briand, les Grouas ! Baugé ! Pontigné, près du
dolmen ! — Plateau de Champigny-le-Sec ! (Trouil.).

D'après M. l'abbé Hy, la plante de la forêt de Chandelais se
montre chargée d'anthéridies.

212 — L. subulatum Hampe, *Ditrichum subulatum*
Lindb., *Trichostomum subulatum* Br. eur.

Pr. Sur la terre dénudée. RR.

Saint-Macaire près Cholet, ferme de la Noncellière (Brin).

213 — L. pallidum Hampe, *Ditrichum pallidum*
Lindb., *Trichostomum pallidum* Hedw.

Pr. Dans les clairières des bois et les taillis nouvellement
coupés. AR. Fr.

Angers, bois d'Avrillé ! Combrée, forêt d'Ombrée ! Baugé,
forêt de Chandelais ! — Bois de Cholet ! (Br. et Cam.).

CERATODON Brid.

214 — C. purpureus Brid., *Dicranum purpureum*
Hedw., *Mnium purpureum* L.

Pr. Sur la terre, les murs, les glacis des levées, dans les
landes et dans les bois où il apparait en quantité prodigieuse
l'année qui suit un incendie. CC. Fr.

Très variable suivant la station. J'ai recueilli à Angers, sur les murs de la route des Ponts-de-Cé, une forme qui, d'après M. Corbière (in litt.), serait beaucoup plus voisine de la var. *conicus* Husn, *Muscol. gall.*, p. 60 (*C. conicus* Lindb.), que du type.

SELIGERIACEÆ. — *Seligeria pusilla* Br. eur., *Weisia pusilla* Hedw., *W. Seligeri* Brid. — Figure dans les listes de Bastard (*Ess.*, p. 369) et de Guépin (*Suppl.* 1850, p. 1), sans indication de localité ; c'est une espèce propre aux rochers ombragés du calcaire jurassique, et sa présence en Anjou me paraît très problématique.

FISSIDENTACEÆ

FISSIDENS Hedw.

215 — F. bryoides Hedw., *F. exilis* Br. eur. (non Hedw.), *Dicranum viridulum* Sw.

Pr. Sur la terre des talus, dans les endroits frais et ombragés. C. Fr.

216 — F. exilis Hedw.

Pr. Sur la terre argileuse. RR. Fr.
Garennes de Juigné-sur-Loire (Hy). — Cholet (Cam.).

217 — F. incurvus Schwægr.

Pr. Sur la terre argileuse, les murs et les rochers humides. AR. Fr.
Chalonnes, côte d'Ardenay ! — Juigné-sur-Loire (Bouv., sec. Husn., *Fl. N.-O.*, éd. 2, p. 55). — Saint-Barthélemy, à la Claie (de la Perr.). — Courléon, Saumur, Chênehutte-les-Tuffeaux (Trouil.). — Cholet (Cam.).

*** F. pusillus** Wils., *F. incurvus* v. *pusillus* Husn., *Fl. N.-O.*, éd. 2, p. 54.

Pr. Sur les rochers et les murs ombragés ou humides. C. Fr.

6. **madidus** SPRUCE, *F. minutulus* SULL. (BRAITHW.). —
RR. Coteau de Dampierre, sur des tuffeaux humides à l'entré d'une cave, c. fr. !

* **F. viridulus** WAHLENB. ; BRAITHW.

Pr. Sur les pierres, dans les endroits humides. RR. Fr.
Lande de Soucelles !

* **F. crassipes** WILS., *F. viridulus* v. *crassipes* HUSN.,
Muscol. gall., p. 50, *F. incurvus* v. *crassipes* SCHP.,
F. incurvus v. *fontanus* BR. EUR.

Aut. Sur les pierres humides ou souvent inondées des
moulins, des déversoirs et des barrages, dans la région calcaire. R. Fr. rar.

Villevêque, c. fr. ! La Roche-Fouque ! Moulin de Corzé,
c. fr. ! Doué, moulin des Blanchisseries, c. fr. !

6. **rufulus**, *F. rufulus* BR. EUR., *F. ventricosus* LESQ. ?
F. rivularis BOUV., *Essai* 1873, p. 15 (non BR. EUR.). —
Sur les pierres des déversoirs et des moulins, dans les
eaux courantes et calcaires. R. Cheffes, sous la roue du
moulin, c. fr. (1870) ! Seiches, moulin de Matheflon (1874) !
Doué, au Moulin-Neuf ! — Villevêque (Hy).

Bien qu'ayant recueilli cette mousse depuis longtemps aux
localités indiquées, je l'avais méconnue et rapportée d'abord au
F. rivularis BR. EUR., puis au *F. crassipes* WILS. C'est à M. l'abbé
Hy que revient le mérite de l'avoir signalée le premier sous le
nom de *F. rufulus*. Toutefois, je ne saurais la considérer comme
une espèce distincte et autonome, mais seulement comme une
variété du *F. crassipes*, déterminée par l'action du courant
rapide qui se produit sur les déversoirs de nos rivières, avec
alternatives souvent répétées d'immersion et d'émersion de la
plante en plein soleil. Voici, du reste, les observations que
M. Corbière a bien voulu m'adresser à ce sujet :

« Plus j'étudie votre plante, plus je suis embarrassé sur la
« valeur spécifique de *F. rufulus* SCHP. Je possède celui-ci des

« bords du Rhin, et la coloration de la marge et de la nervure
« des feuilles est exactement comme dans vos échantillons :
« *aurantiis vel rufulis*, comme dit Schimper (*Syn.*, éd. 2, p. 120).
« D'autre part, je me demande si cette coloration est bien cons-
« tante, si elle ne serait pas due à des alternatives de submersion
« et d'émersion dans des lieux découverts, exposés à une lumière
« vive ; car il s'en faut que toutes les feuilles aient le même
« degré de coloration. Et alors votre plante, de même que le
« *F. rufulus* de Schimper, ne serait peut-être qu'une variété du
« *F. crassipes*, à laquelle la relierait le *F. Mildeanus* Schp.
« (*F. crassipes* v. *rufipes* Schp., *Syn.*) qui a la marge des feuilles
« jaune (*margine plerumque luteo*, dit Schimper).

« Dans *F. rufulus*, le sommet des feuilles est *obtus* ou *subobtus*,
« dit Husnot ; en réalité, il est très variable et parfois *subaigu*,
« même *aigu*. Toutefois, dans les échantillons que je possède
« des bords du Rhin (leg. Amann), le tissu est formé de cellules
« plus petites et, par suite, il est plus dense : je ne vois pas
« d'autres différences, et encore celle-ci n'est-elle probablement
« qu'accidentelle.

« Il est à noter que, dans la plante de Cheffes, l'opercule est
« assez longuement *rostré*, alors que M. Husnot le dit *obtus*,
« d'après Braithwaite, qui lui-même n'a vu « que de vieilles cap-
« sules *sans opercule* » ; son dessin est copié sur celui de
« Sullivant relatif à *F. ventricosus* Lesq., espèce américaine que
« Braithwaite regarde comme synonyme de *F. rufulus*, ce qui
« ne me paraît pas démontré. » (Corb. in litt.)

218 — F. adiantoides Hedw., *Dicranum adiantoides* Sw., *Hypnum adiantoides*, L.

Pr. Dans les bois, au bord des petits ruisseaux, les prés
tourbeux, les fissures des rochers humides. AC. Fr.

*** F. decipiens** de Not., *F. rupestris* Wils.

Pr. Dans les fissures des rochers calcaires. R. Fr. rar.

Bois de Soucelles, c. fr. ! Chalonnes, côte d'Ardenay !
Beaulieu, vignes du Pont-Barré ! — Plateau de Champigny-
le-Sec, c. fr. (Trouil.).

219 — F. taxifolius Hedw., *Dicranum taxifolium*
Schrad., *Hypnum taxifolium* L.

Pr. Sur la terre argileuse nue, dans les chemins creux et les bois frais. C. Fr.

CONOMITRIUM Mont.

220 — C. Julianum Mont., *Octodiceras Julianum* Brid.

Pr.-Été. Sur les pierres dans l'eau courante. R. Fr.

Cheffes, sous la roue du moulin ! Montreuil-Belfroy, sur les pieux du portillon (localité détruite) ! — Angers, dans la Maine ; Feneu, dans la Mayenne, au déversoir de Sautré ; Pouancé ; Noyant-la-Gravoyère, étang de la Corbinière (Hy). — Dans la Moine, à Saint-Crespin (Cam.)

LEUCOBRYACEÆ

LEUCOBRYUM Hampe.

221 — L. glaucum Schimp., *Dicranum glaucum* Hedw., *Bryum glaucum* L.

Hiv. Sur la terre, dans les landes un peu tourbeuses ; dans les bois, sur les souches coupées ras le sol et à demi pourries. C. Fr. rar. : Angers, à l'étang Saint-Nicolas ! Beaucouzé, bois de Mollières ! Baugé, forêt de Chandelais !

WEISIACEÆ

CAMPYLOPUS Brid.

222 — C. flexuosus Brid., *Dicranum flexuosum* Hedw., *Bryum flexuosum* L.

Pr. Sur la terre, dans les landes et les sapinières ; sur les rochers siliceux. AR. Fr. très rar.

Juigné-sur-Loire, les débris d'ardoises ! Saumur, bois de Pocé ! Montreuil-sur-Loir, au tertre Monchaut ! — Forêt d'Ombrée, c. fr. (Hy). — Courléon ! Brain-sur-Allonnes, à Vauzelles (Trouil.). — Coteaux de la Moine, au-dessous de la Séguinière ; bois de Cholet (Br. et Cam.).

L'herbier de Guépin renferme un échantillon très bien fructifié provenant de Montreuil-sur-Loir où, malgré mes recherches, je ne l'ai jamais recueilli qu'à l'état stérile.

6. **paradoxus** Husn., *Muscol. gall.*, p. 42 ; *C. paradoxus* Wils. — R. Angers, bois de la Haie !

223 — **C. turfaceus** Br. eur., *C. piriformis* Brid.

Pr. Sur la terre, dans les tourbières. R. Fr. rar.

Angers, bois de la Haie ! — Baugé (Chev.). — Beaucouzé, bois de Mollières ; Juigné-sur-Loire ; landes de Seiches ; Loiré (Hy). — La Renaudière, aulnaie des Landes, c. fr. ! (Br. et Cam.).

224 — **C. fragilis** Br. eur., *Bryum fragile* Dicks.

Pr. Sur la terre, dans les landes et les sapinières. AR. Fr. très rar.

Juigné-sur-Loire, c. fr. ! Seiches, landes de Boudré ! Montreuil-sur-Loir, au tertre Monchaut ! — Angers, à Saint-Nicolas (Bast.). — Baugé (Chev.). — Courléon, sapinières de Mortrage ; Brain-sur-Allonnes, landes de Vauzelles (Trouil.).

La plante signalée à la Renaudière, bois marécageux de la Bondussière (Br. et Cam.) ne serait, d'après M. Camus lui-même, qu'une forme de *C. turfaceus* (*Coll. bryol. du Musée de Cholet*, p. 4).

6. **densus** Husn., *Fl. N.-O.*, éd. 2, p. 51, *C. densus* Br. eur. — Angers, rive droite de l'étang Saint-Nicolas ! — Lué (de la Perr.).

225 — C. brevifolius Schimp., *Suppl.*, *C. subulatus* Schp., Bryoth. eur.

Hiv.-Pr. Sur la terre dans les landes. R. Stér.

Angers, rochers de Saint-Nicolas (Hy). — Soucelles, Seiches, landes de Boudré (Bouv., sec. Husn., *Fl. N.-O.*, éd. 2, p. 52). — Mùrs (Préaub., sec. Husn., loc. cit.). — Forêt de Fontevrault, au bois Choquet (Husn.). — Courléon, les anciennes ornières des landes de la Chesnaye! (Trouil.).

La localité de Juigné-sur-Loire, signalée dans mon *Essai* 1873, est à supprimer.

226 — C. brevipilus Br. eur.

Pr. Sur la terre dans les bois et les landes. R. Stér.

Angers (Guép.). — Beaulieu, au Pont-Barré (de la Perr.). — Courléon, bois de la Chesnaye; Brain-sur-Allonnes, landes de Vauzelles! (Trouil.). — Landes de Soucelles (Lel.).

227 — C. polytrichoides de Not., *C. longipilus* Br. eur., Guép.! Bouv., *Essai* 1873, p. 13! Brid., salt. ex part. (non Schp.).

Hiv. Sur les rochers siliceux (schistes et grès). AC. Stér.

DICRANUM Hedw.

228 — D. montanum Hedw.

Été. Dans les bois, sur les souches de châtaigniers à demi-pourries. R. Stér.

Angers, à l'étang Saint-Nicolas! Montreuil Belfroy! La Chapelle-sur-Oudon! — Beaucouzé, bois de Mollières; Noyant-la-Gravoyère (Hy). — Bois de Cholet, taillis de gauche après la chaussée de l'étang de la Basse-Noire (Br. et Cam.).

229 — D. flagellare Hedw.

Été. Sur les vieilles souches pourries. RR.

Bois de Cholet, avec le précédent (Cam.). — Beaucouzé, bois de Mollières (Hy).

230 — D. scoparium Hedw., *Bryum scoparium* **L.**

Été. Dans les bois, sur la terre, les rochers, les vieilles souches pourries. CC. Fr.

6. **orthophyllum** Br. eur. — Lieux secs, dans les bois et les bruyères : Baugé, forêt de Chandelais !

7. **paludosum** Schimp. — Lieux humides : Juigné-sur-Loire ! — Montjean ! (Chauveau).

8. **recurvatum** Brid. — Coteaux boisés de Montreuil-Belfroy !

La var. *gracile* Husn., *Fl. N.-O.*, 1re éd., p. 53 (Angers, à Saint-Nicolas) n'est qu'une forme grêle et sans importance venue sur des rochers très ombragés.

231 — D. majus Turn.

Été. Dans les bois, sur la terre et les rochers. RR.

Lué ! (de la Perr.).

L'échantillon de Desvaux (herbier général du Jardin des Plantes), provenant du bois de la Haie près d'Angers, se rapporte à l'espèce suivante.

232 — D. Bonjeani de Not., *D. palustre* Br. eur. (non La-Pyl.).

Aut. Dans les bois marécageux et les prés tourbeux. AR. Fr. très rar.

Angers, rive droite de l'étang Saint-Nicolas ! Saint-Sylvain, au Perray ! Volandry, à l'étang de Turbilly ! — Le Tremblay, tourbière de Buron (Rav.). — Baugé (Chev.). — Courléon, marais de Continvoir, sur la limite du département (Trouil.). — La Renaudière, au bois Guittet et à la Noisillerie (Br. et Cam.). — La Romagne, aux Rousselières, c. fr. (Cam.).

233 — **D. spurium** HEDW.

Été. Landes et bruyères. RR. Stér.

Courléon (Trouil.). — Baugé (Chev.).

234 — **D. undulatum** BR. EUR.

Été. Dans les bois ombragés, les bruyères humides. R. Stér.

Courléon (Trouil.). — Fontevrault ! (de la Perr.). — Baugé (Chev.). — La Renaudière, près l'étang de la Thévinière (Br. et Cam.).

DICRANELLA SCHIMP.

235 — **D. cerviculata** SCHIMP., *Dicranum cerviculatum* HEDW.

Pr. Dans les tourbières, sur les parois des fossés et les tas de tourbe humide. RR. Fr.

Montjean, à Châteaupanne ! — Seiches, landes de Boudré ! (Hy). — Noyant-la-Gravoyère, à la queue de l'étang de Misangrain ! (Préaub.).

D. Schreberi SCHIMP., *Dicranum Schreberi* SW., *D. Schreberianum* HEDW. — Signalé par Guépin dans ses listes (*Fl.*, éd. 3) ; à rechercher.

236 — **D. varia** SCHIMP., *D. rubra* KINDB., *Dicranum varium* HEDW., *Bryum simplex* L.

Hiv. Sur la terre argileuse humide, au bord des chemins et dans les champs en friche. AC. Fr.

ß tenuifolia SCHIMP. — Pruniers, à la Papillaye !

237 — D. rufescens Schimp., *Dicranum rufescens*
Turn.

Aut. Sur la terre argileuse. RR.
Cholet (Cam., sec. Husn., *Fl. N.-O.*, éd. 2, p. 45).

Cette espèce figurait déjà dans les listes de Guépin (*Fl.*, éd. 3).

238 — D. heteromalla Schimp., *Dicranum heteromallum* Hedw., *Bryum heteromallum* L.

Pr. Dans les bois, sur la terre dénudée, les talus. C. Fr.
6. interrupta Br. eur.. — Rochers de Mùrs ! Trélazé !
γ. sericea (H. Müll.), *Dicranodontium sericeum* Schp.,
Suppl. — Dans les fissures des rochers siliceux. Stér. :
Angers, sur la rive droite de l'étang Saint-Nicolas (Hy).

ONCOPHORUS Brid.

239 — O. Bruntoni Lindb., *Cynodontium Bruntoni*
Br. eur., *Dicranum Bruntoni* Sm., *Weisia Bruntoni*
de Not., *Didymodon obscurus* Kaulf.

Pr.-Été. Sur l'humus, dans les fissures des rochers siliceux
AC. Fr.

RHABDOWEISIA Br. eur.

240 — R. fugax Br. eur., *R. striata* (Schrad.) Corb.,
Musc. de la Manche, p. 215, *Weisia fugax* Hedw.

Été. Dans les fissures des rochers siliceux exposés au
nord. R. Fr.
Angers, sur la rive droite de l'étang Saint-Nicolas, au-delà
du barrage ! Roche de Mùrs ! — Bords de la Divatte (Hy). —

La Séguinière, dans la vallée de la Moine, aux Dandais
(Br. et Cam.).

D'après M. Corbière (in litt.), la plante d'Angers se rapporte à
la var. *subdenticulata* Boul., *Musc. Fr.*, p. 543, et celle de Mûrs
à la var. *subintegrifolia* du même auteur (loc. cit.).

DICRANOWEISIA Lindb.

241 — D. cirrata Lindb., *Weisia cirrata* Hedw.

Pr. Sur les vieilles barrières à demi-pourries, les toits
de chaume, plus rarement sur les murs et les rochers schisteux. C. Fr.

Varie à capsule oblongue-épaisse ou cylindrique-très étroite
C'est à cette dernière forme qu'il faut rapporter le *W. cylindrica*
Guép., in herb.

D. crispula Lindb., *Weisia crispula* Hedw. — Plante des hautes
montagnes, à exclure, bien que Guépin l'ait signalée à Vaux
près de Montreuil-sur-Loir (*Notes manusc.*) et M. A. de Soland à
Mûrs (*Ann. Soc. Linn.*, 1853, p. 144). Les échantillons de Saint-
Nicolas près Angers (Desv.) se rapportent à l'*Oncophorus Bruntoni* Lindb., ceux de Pruniers et de Beaulieu (Bouv., *Essai* 1873,
p. 10) à des formes du *W. viridula* Hedw.

WEISIA Hedw.

242 — W. viridula Brid., *Br. univ.*, *W. contro-
versa* Hedw.

Pr. Sur les talus, au bord des chemins et dans les bois.
CC. Sur tous les terrains.

ε. **stenocarpa** (Br. germ.) Schimp. — Beaulieu, au Pont-
Barré !

γ. **amblyodon** (Brid.) Schimp. — Beaulieu, au bas de la
Roche-Servière ! Sur les rochers entre Pruniers et Bou-

chemaine ! Juigné-sur-Loire ! Soucelles ! — Chemillé (de la Perr.).

δ. **gymnostomoides** (Brid.) Schimp. — Beaulieu, rochers du Pont-Barré !

W. mucronata Br. eur., *W. mucronulata* Guép. (nom. corrupt.). — Saint-Melaine, rochers de Charuau (Mill., *Indic.*, t. I, p. 469). Figure aussi dans les listes de Guépin. Espèce bien douteuse pour l'Anjou, indiquée peut-être par confusion avec la précédente ; à constater de nouveau.

EUCLADIUM Br. eur.

243 — E. verticillatum Br. eur., *Weisia verticillata* Brid.

Été. Sur les rochers et les murs avec suintements d'eau chargée de carbonate de chaux. AR. Fr. très rar.

Moulin de Corzé ! Tiercé, au moulin d'Yvray ! Baugé, moulin de Choisellier, c. fr. ! Doué, au Moulin-Neuf ! — Montreuil-sur-Loir (de la Perr.). — Saumur (Lel.). — Courléon, murs des caves de la Grange (Trouil.).

GYMNOSTOMUM Hedw., ex parte.

244 — G. tenue Schrad., *Gyroweisia tenuis* Schp.

Été. Sur les parois humides des murs en tuffeaux. R. Fr. Angers, au-delà de Frémur ! Montpollin, moulin de Sancé ! — Bords de l'étang de Cunault ; le Guédéniau (Hy). — Saint-Cyr (Trouil.). — Liré (Cam.).

245 — G. calcareum Nees et Hornsch.

Pr. Sur les rochers calcaires. RR. Stér.

Dans un chemin creux, entre Saint-Vincent et Champigny-le-Sec (Trouil.).

6. muticum Boul., *Musc. Fr.*, p. 556. — Beaulieu, dans les fissures des rochers au-dessous de la Roche-Servière ! — Grouas de Martigné-Briand ! — Stér.

G. *curvirostre* Hedw. (nom. emend.), *Weisia curvirostris* C. Müll. (nom. emend.). — Espèce des montagnes calcaires, très douteuse pour notre région, bien que Guépin la signale dans ses listes et que Millet l'indique aux environs de Baugé (*Ind.*, t. I, p. 546, ex Turpault).

HYMENOSTOMUM R. Brown.

246 — **H. rostellatum** Husn., *Muscol. gall.*, p. 5, *H. phascoides* Br. eur., *Gymnostomum rostellatum* Schp., *Phascum rostellatum* Brid., *Systegium rostellatum* Boul., *Fl. crypt. Est*, p. 586.

Aut. Sur la terre argileuse humide. R. Fr.

Angers, sur la rive droite de l'étang Saint-Nicolas et fossés de la vallée de la Maine, au bas des Fouassières (1871) ! — Angers, en Reculée ; rives de la Mayenne, au-dessous d'Épinard (Hy). — Saint-Barthélemy, à la Chênurie ! (de la Perr.).

247 — **H. squarrosum** Nees et Hornsch., *Gymnostomum squarrosum* Wils., *Systegium squarrosum* Boul., *Musc. Fr.*, p. 560.

Aut.-Pr. Sur la terre humide. RR. Fr.

Chaumont, au-dessus des étangs ! — Angers, bords de l'étang Saint-Nicolas (Hy). — Brain-sur-Allonnes, entre l'étang de Vauzelles et Breslon (Trouil.).

248 — **H. microstomum** R. Br., *Gymnostomum microstomum* Hedw.

Pr. Sur la terre sablonneuse. R. Fr.

Saint-Sylvain, au Perray et à la Dionnière ! Brain-sur-l'Authion, à la Chênurie ! Le Vaudelnay, bois des Garennes ! — Saint-Cyr, dans la forêt (Trouil.). — Beaulieu, au Pont-Barré ! (de la Perr.). — Baugé (Chev.).

249 — H. tortile Br. eur., *Gymnostomum tortile* Schwægr.

Pr. Dans les fissures des rochers calcaires. RR. Fr.

Beaulieu, au-dessous de la Roche-Servière ! — Angers (Guép., sec. Boul., *Fl. crypt. Est*, p. 584). — Plateau de Champigny-le-Sec (Trouil.).

Systegium crispum Schimp., *Phascum crispum* Hedw. — Baugé (Turpault, in Mill., *Ind.*, t. I, p. 547) ; forêt d'Ombrée (Mill., *Ind.*, t. II, p. 511); figure aussi dans les listes de Guépin. A rechercher, au printemps, sur les talus et dans les champs incultes de la région calcaire.

ARCHIDIACEÆ

ARCHIDIUM Brid.

250 — A. alternifolium Schimp., *A. phascoides* Brid., *Phascum alternifolium* Dicks. (non Kaulf.).

Pr. Sur la terre dans les bruyères humides et au bord des étangs. AR. Fr. rar.

Entre Soucelles et Montreuil-sur-Loir ! Chaumont, étang de Malaguet ! Baugé, forêt de Chandelais ! Noyant-la-Gravoyère, étang de la Corbinière, c. fr. ! — Angers, rive droite de l'étang Saint-Nicolas, c. fr. (Hy). — Saumur, à Terrefort ! Brain-sur-Allonnes, étang de Vauzelles ; Courléon, talus du bois de la Châtaigneraie, c. fr. (Trouil.). — Cholet, la Renaudière (Br. et Cam.). — Durtal, forêt de Chambiers, à l'étang de Saint-Gilles ! (Bor.).

PHASCACEÆ

PLEURIDIUM BRID.

251 — P. nitidum Br. eur., *Pl. axillare* Lindb.,
Phascum nitidum Hedw., *Ph. axillare* Dicks.

Aut. Sur la terre argileuse humide des fossés, la vase
desséchée des boires et des étangs. AR. Fr.

Angers, l'étang Saint-Nicolas! les trous de Saint-Augustin!
les bords de la Vieille-Maine dans l'île Saint-Aubin! Montreuil-Belfroy! Brissac, étang de Montayer! — Baugé (Turpault, in Mill., *Indic.*). — Cholet, la Renaudière, Saint-
Christophe, la Tessoualle (Br. et Cam.).

La variété *bulbilliferum* Besch., signalée à Cholet sur le terreau
des pots, dans une serre chaude (Br. et Cam.), ne serait, d'après
M. Camus lui-même (*Coll. bryol. du Musée de Cholet*, p. 4), qu'une
forme rabougrie, bulbilifère et unisexuée de *Leptobryum piriforme* (*L. dioicum* Debat).

252 — P. subulatum Br. eur., *Phascum subulatum* L.

Pr. Sur la terre, dans les landes, les bruyères, au bord
des bois. CC. Fr.

253 — P. alternifolium Br. eur., *Phascum alternifolium* Kaulf. (non Dicks.).

Pr. Mêmes stations que le précédent. R. Fr.

Angers, en Reculée, près la ferme de l'Étang! Angers,
dans les haies, près la route d'Avrillé (Préaub.). — Angers,
en Frémur; Juigné-sur-Loire! Saint-Jean-des-Mauvrets
(Hy). — Baugé (Chev.). — Cholet (Cam.).

PHASCUM L., p.p.

254 — P. Floerkeanum Web. et M., *Microbryum Floerkeanum* Schp., *Acaulon Floerkeanum* Br. eur.

Aut.-Hiv. Sur la terre humide. RR. Fr.

Seiches, à Matheflon, sur les talus au bord du Loir (1874)! — Angers, près des anciennes carrières de Saint-Augustin (Hy).

255 — P. cuspidatum Schreb.

Hiv.-Pr. Sur la terre nue, dans les champs argileux ou sableux, dans les jardins, sur les murs, etc. CC. Fr.

6. Schreberianum Schimp., *P. Schreberianum* Dikcs. — Angers, les allées des jardins ! à la queue de l'étang Saint-Nicolas ! en Reculée, près la ferme de l'Étang ! Seiches, les Vaux ! — Brain-sur-l'Authion, les Landes ! (de la Perr.).

Guépin signale dans ses listes (*Fl.*, éd. 3) la variété *piliferum* Schp., *P. piliferum* Schreb. ; à rechercher.

256 — P. bryoides Dicks.

Hiv.-Pr. Sur la terre nue, dans les terrains argilo-calcaires. R. Fr.

Saint-Barthélemy, à Chaufour ! Martigné-Briand, les Grouas ! Le Vaudelnay, carrière des Garennes ! Seiches, les Vaux (1871) ! — Bords de la Loire (Guép. in herb.).

257 — P. rectum Sm.

Hiv.-Pr. Sur la terre nue, dans les champs incultes du calcaire. R. Fr.

Angers, aux Fourneaux (1871)! Saint-Barthélemy, à Chaufour ! Martigné-Briand, les Grouas ! — Lué (de la Perr.). — Noëllet (Rav.). — Beaulieu ! (Hy).

258 — P. curvicollum Hedw.

Hiv.-Pr. Mêmes stations que l'espèce précédente. RR. Fr.
Saint-Barthélemy, à Chaufour ! Martigné-Briand, entre
Villeneuve et les Grouas ! — Angers ! (Guép., in herb.
Boreau). — Les Fourneaux (Bouv., sec. Husn., *Fl. N.-O.*,
éd. 2, p. 59).

Je ne l'ai pas en herbier de la dernière localité où, jusqu'à
présent, je n'ai trouvé que *P. rectum.*

ACAULON C. Müll.

259 — A. muticum C. Müll., *Sphærangium muticum* Schp., *Phascum muticum* Schreb.

Hiv.-Pr. Sur la terre nue, dans les pelouses, les champs
incultes, sur les murs. AC. Fr.

PHYSCOMITRELLA Br. eur.

260 — P. patens Br. eur., *Phascum patens* Hedw.

Aut. Sur la terre humide, au bord des rivières, sur la
vase desséchée et fendillée des étangs et des boires. AR. Fr.
Angers, à l'étang Saint-Nicolas ! Montreuil-Belfroy, bords
de la Mayenne ! Pruniers, étang du Grand-Tertre ! Les
Ponts-de-Cé, île Saint-Maurille ! Mûrs, vallée du Louet près
la Gazellerie ! Juigné-sur-Loire ! — Brain sur-l'Authion ; la
Daguenière ; Pouancé, étangs de la Forge et de Saint-Aubin !
(Préaub.). — Saint-Barthélemy ; Chaloché, à l'étang de
Beauce (Hy). — Baugé (Turpault, in Mill., *Indic.*).

EPHEMERUM Hampe.

261 — E. serratum Hampe, *Phascum serratum*
Schreb.

Aut.-Hiv. Sur la terre argileuse nue, dans les lieux
humides. AR. Fr.

Angers, fossés de la vallée de la Maine au bas des Fouassières et rive droite de l'étang Saint-Nicolas! — Saint-Barthélemy, bois de Verrières! (de la Perr.). — Soucelles (Lel.). —
Cholet, la Renaudière (Br. et Cam.).

262 — E. stenophyllum Schimp., *E. sessile* Br. eur.,
Phascum stenophyllum Voit.

Aut. Sur la terre argileuse humide. RR. Fr.

Angers, bords de la Maine ; Cantenay-Épinard (Hy).

6. brevifolium Schimp. — Cholet, chemin conduisant de
la deuxième barrière du chemin de fer aux moulins de
Saint-Léger, dans le fossé de gauche, et sur le talus d'une
mare, entre les fermes de Millepieds et de la Brétellière,
mêlé à l'*E. serratum* (Br. et Cam. ; Boul., *Musc. Fr.*, p. 575).

E. recurvifolium Boul., *Fl. crypt. Est*, p. 694, *E. pachycarpum*
Schwægr., *Ephemerella recurvifolia* Schp., *Phascum crassinervium* Nees et Hornsch., *P. recurvifolium* Dicks. — Angers (Guép.,
n herb. Pelvet, sec. Husn., *Fl. N.-O.*, éd. 2, p. 100) ; à constater
de nouveau, la plante que j'avais indiquée sous ce nom, à Montreuil-Belfroy, se rapportant très probablement à l'espèce suivante.

E. Rutheanum Schimp. — Aut. Sur la terre argileuse humide.
RR. Fr.

Montreuil-Belfroy, dans une boire desséchée près du barrage
(1870) !

Je dois à M. Corbière la détermination de cette espèce que
j'avais à tort rapportée, dans mon *Essai* de 1873, à l'*Ephemerella
recurvifolia* Schp. « Les capsules étant trop jeunes — m'écrit cet
éminent bryologue — je ne puis constater le caractère tiré des

spores, mais tous les autres caractères s'appliquent *exactement* à l'*E. Rutheanum :* en particulier, la capsule est *complètement sessile* au-dessus de la vaginule..... L'espèce est *dioïque !* Les auteurs (Schimper et Husnot) sont muets à cet égard. » (Corb., in litt.).

En attendant de retrouver cette rarissime espèce en bon état de fructification, je me contente de la signaler sous forme de note et d'appeler sur elle l'attention des botanistes angevins.

HEPATICÆ

JUNGERMANNIACEÆ

ALICULARIA Corda.

1 — A. scalaris Corda, *Nardia scalaris* B. et Gr.,
Jungermannia scalaris Schrad.

Pr. Sur la terre dans les landes, sur les talus et les
rochers siliceux ombragés. AC. Fr.

    6. decurrens, *Jungermannia decurrens* Desv., *Obs.* (1818),
p. 20, *J. crenulata* Desv., *Fl.* (1827), p. 29 (non Sm.), *J. crenulata* v. *palustris* Guép. in herb. — Au bord des carrières
d'ardoises abandonnées et envahies par l'eau ; forme des
gazons très épais, plus ou moins submergés et toujours
stériles.

Ancienne carrière d'Avrillé ! Trélazé, carrière abandonnée
de l'Aubinière ! — Angers, dans une des carrières abandonnées qui touchent la ville, non loin du Jardin des Plantes
(Desv., loc. cit.).

A l'exemple de Desvaux et de Guépin, j'avais tout d'abord rap-
porté cette plante au *J. crenulata* Sm. ; depuis, M. Corbière crut
y reconnaître une forme aberrante d'*Alicularia scalaris*, et voulut
bien, pour lever toute espèce de doute, en communiquer des
échantillons vivants à M. Stephani, de Leipzig, en lui demandant
son avis. Voici la réponse de l'éminent spécialiste :

    « L'Hépatique que vous m'avez envoyée est encore assez petite,
car les vieilles tiges, ayant souffert par le transport, ont déve-
loppé des innovations qui déjà maintenant, quoiqu'elles soient
toutes jeunes, montrent les *amphigastria*.

    « Comme la plante renferme dans les cellules des feuilles beau-
coup de corpuscules oblongs (contenant de l'huile) qui sont très
caractéristiques pour l'*Alicularia scalaris*, et les amphigastria

ayant la forme bien connue de ceux de cette espèce, *je ne doute pas que votre plante n'y appartienne....* — F. STEPHANI. »

Je propose de donner à cette forme locale le nom sous lequel Desvaux l'a signalée le premier dans ses *Observations sur les plantes des environs d'Angers.*

MARSUPELLA Dum., *Nardia* Gr., p.p., *Sarcoscyphus* Corda.

2 — M. emarginata Dum., *Nardia emarginata* B. et Gr., *Sarcoscyphus emarginatus* Boul., *S. Ehrharti* Corda, *Jungermannia emarginata* Ehrh.

Pr. Sur la terre dans les bois et les landes, sur les rochers siliceux. AR. Fr.

Coteaux de Montreuil-Belfroy ! — Beaucouzé, bois de Mollières ; rochers de Mûrs (Hy). — Chênehutte-les-Tuffeaux (Trouil.). — Bois de Cholet (Br. et Cam.).

6. **minor** Carringt. — Angers, sur la rive droite de l'étang Saint-Nicolas ! Stér.

3 — M. Funckii Dum., *Nardia Funckii* Carringt., *Sarcoscyphus Funckii* Nees ab Es., *Jungermannia Funckii* Web. et M.

Pr. Sur la terre dans les bruyères. R. Stér.

Coteaux de Montreuil-Belfroy ! Coteaux de la Loire entre Saint-Maur et Gennes ! — Angers, bois de la Haie ; Soucelles (Desv.).

SOUTHBYA R. Spruce

4 — S. nigrella Corb., in litt., *Jungermannia nigrella* de Not.

Pr. Sur les rochers de craie-tuffeau en décomposition, dans les endroits frais. R.

Saumur, à Beaulieu ! — Champigny-le-Sec, parois d'un chemin creux à Saint-Vincent (Trouil.). — Le Guédéniau (Hy).

C'est à la suite d'une étude toute récente que M. Corbière est arrivé à rattacher au genre *Southbya* R. SPR. les *Jungermannia nigrella* DE NOT. et *Alicularia* DE NOT. ; je lui suis très reconnaissant d'avoir bien voulu faire profiter mon travail du résultat de ces recherches encore inédites.

PLAGIOCHILA DUM.

5 — P. spinulosa DUM., *Jungermannia spinulosa* DICKS.

Pr. Sur les rochers siliceux, dans les endroits frais et ombragés. RR.

Landemont, rochers des bords de la Divatte (Hy).

6 — P. asplenioides DUM., *Jungermannia asplenioides* L.

Pr.-Été. Sur les talus, au bord des bois et dans les chemins creux. AC. Stér.

ß. **major** LINDENB. — Dans les endroits très ombragés. Coteaux de Montreuil-Belfroy ! — La Haie-Longue, coteaux de la Loire ! (Bast.).

γ. **minor** LINDENB. — Sur la terre sèche, parmi les rochers. Juigné-sur-Loire ! — Angers, la Baumette ! (Bast.).

SCAPANIA DUM.

7 — S. compacta DUM., *Jungermannia compacta* ROTH.

Pr. Sur la terre et les rochers schisteux. C, surtout autour d'Angers ! Fr.

8 — S. resupinata Dum., *Jungermannia resupi-*
nata L.

Pr. Sur la terre, les rochers schisteux. R. Fr.
Angers, rive droite de l'étang Saint-Nicolas !
Forma *gemmipara* Corb , *Musc. de la Manche*, p. 328. —
Beaucouzé, bois de Mollières ! Stér.

9 — S. nemorosa Dum., *Jungermannia nemorosa* L.

Pr. Sur la terre et les talus, dans les bois. AC. Fr.

10 — S. undulata Dum., *Jungermannia undulata* L.

Pr.-Été. Sur les pierres dans les ruisseaux. R. Stér.
Forêt d'Ombrée, dans le ruisseau qui la limite au Nord
(Hy). — Le Longeron, ruisseau affluent de la Sèvre (Br. et
Cam.).

11 — S. uliginosa Dum., *Jungermannia uliginosa* Sw.

RR. Noyant-la-Gravoyère, déversoir de l'étang de la Corbinière (Hy).

COLEOCHILA Dum.

12 — C. anomala Dum., *Hép. Eur.*, p. 106, *Junger-*
mannia Taylori v. *anomala* Hook.

Pr. Tourbières et bruyères humides. RR.
Soucelles, dans les excavations d'où l'on tire le grès ;
Juigné-sur-Loire (Hy).

DIPLOPHYLLUM Dum., p.p.

13 — D. albicans Dum., *Jungermannia albicans* L.

Pr. Sur la terre, au bord des sentiers dans les bois, sur les
rochers siliceux. CC. Fr.

14 — D. obtusifolium Dum., *Jungermannia obtusi-folia* Hook.

Pr. au bord des sentiers, dans les bois et les bruyères. RR. Bois d'Avrillé, très rare et en petite quantité (Hy). — Cholet, route de Tout-le-Monde (Cam.).

JUNGERMANNIA L., p.p.

15 — J. minuta Crantz, *Diplophyllum minutum* Dum.

Pr. Sur la terre au bord des sentiers, dans les bruyères. RR. Bois d'Avrillé, très rare et peu abondant (Hy).

16 — J. lanceolata L., *Liochlæna lanceolata* Nees ab Es.

Pr.-Été. Sur les bois pourris et les pierres humides, au bord des ruisseaux. R.

Angers, au Bois-l'Abbé et sur la rive droite de l'étang Saint-Nicolas (Desv., *Obs.*, p. 20). — Courléon, fossés du chemin des Cent-Arpents (Trouil.).

17 — J. Schraderi Mart.

Pr. Sur la terre et les rochers ombragés. RR. Stér. Coteaux de Montreuil-Belfroy !

18 — J. crenulata Sm.

Pr. Sur la terre, au bord des chemins creux dans les bois et les bruyères humides. C. Fr.

19 — J. nana Nees ab Es.

Pr. Sur la terre dans les sentiers argileux. RR. Montreuil-Belfroy (Hy).

20 — **J. inflata** Huds.

Été. Sur la terre dans les bruyères humides et les landes tourbeuses. RR.

Saint-Barthélemy, à la Claie (de la Perr.). — Lande de Soucelles, dans les excavations d'où l'on tire le grès (Hy).

21 — **J. exsecta** Schmid.

Pr. Dans les bruyères et les bois de pins. RR.
Chaumont (Hy).

22 — **J. ventricosa** Dicks., *J. excisa* Guép., in herb. (non G. L. et N.).

Hiv.-Pr. Sur la terre dans les bruyères et parmi les rochers siliceux. R. Fr.

Angers, en Reculée ! — Angers, bois de la Haie (Hy). — Roche de Mûrs ! (Guép., in herb.).

Dans ses *Notes manuscrites*, Guépin l'indique encore (sub nom. : *J. excisa*) sur les rochers de la Papillaye près de Pruniers et dans les coteaux de Montreuil-Belfroy.

23 — **J. intermedia** Lindenb.

Aut.-Pr. Sur la terre, dans les landes et les bruyères. R.

Sables humides sur la route de Briollay à Villevêque ; lande de Soucelles (Hy). — Landes de Marson, près Saumur (Lel.).

24 — **J. bicrenata** Lindenb.

Aut.-Pr. Sur la terre, dans les bois sablonneux et les bruyères. AR. Fr.

Saumur, à Beaulieu ! — Angers, coteaux de Saint-Nicolas ; bois d'Avrillé ; Montreuil-Belfroy (Hy). — Courléon, talus du bois de la rue Bernier (Trouil.). — Bois de Cholet, de Cléné (Br. et Cam.).

25 — J. Schreberi Nees ab Es., *J. barbata* Schreb.

Pr. Sur la terre, dans les bois et les chemins creux. R. Stér.

Coteaux de Montreuil-Belfroy ! — Angers, sur la rive droite de l'étang Saint-Nicolas ! (Desv., *Obs.*, p. 20). — Entre la Séguinière et la Romagne (Cam.).

26 — J. attenuata Lindenb., *J. barbata* v. *attenuata* G. L. et N.

Pr. Sur les rochers siliceux ombragés. R. Stér.

Angers, coteaux de Saint-Nicolas (Hy). — Vallée de la Moine, à la Pierre-Blanche (Br. et Cam.).

J. quinquedentata Web., *J. barbata* v. *quinquedentata* Nees ab Es.— Signalé sans localité dans les listes de Guépin (*Fl.*, éd. 3); à rechercher.

CEPHALOZIA Dum. ; Lindb.

27 — C. divaricata Dum., *Jungermannia divaricata* Sm., *J. Starkii* Nees.

Pr. Sur la terre, dans les landes et les bruyères. AC. Fr. rar. : Angers, au Bois-l'Abbé (Hy).

6. **byssacea** (Roth) Corb., *Musc. de la Manche*, p. 338, *C. byssacea* Dum., *Jungermannia byssacea* Roth. — Angers, rive droite de l'étang Saint-Nicolas ! Beaucouzé, bois de Mollières !

28 — C. bicuspidata Dum., *Jungermannia bicuspidata* L.

Pr. Sur la terre, dans les endroits frais et humides. C. Fr.

29 — C. connivens CARRINGT. et PEARS., *Jungermannia connivens* DICKS.

Pr. Sur la terre dans les tourbières, sur les souches pourries dans les bois. R.

Juigné-sur-Loire (Husnot). — Montreuil-Belfroy ; Chaumont, dans la tourbière supérieure (Hy). — Noëllet, tourbière de Bataille ! (Préaub.).

30 — C. Turneri LINDB., *Jungermannia Turneri* HOOK.

Pr. Sur la terre dans les bois, les landes et les bruyères. RR. Fr. rar.

Beaucouzé, bois de Mollières (1869) ! — Montreuil-Belfroy ! (Guép., in herb.). — Bois d'Avrillé (Hy).

Les localités signalées dans le Choletais par MM. Brin et Camus (*Notice bryol.*) seraient douteuses, d'après l'avis qu'a bien voulu me donner à ce sujet M. Camus lui-même.

LOPHOCOLEA DUM.

31 — L. bidentata DUM., *L. Hookeriana* NEES, *Jungermannia bidentata* L.

Pr. Sur les rochers humides et ombragés. AR. Fr. très rar.

Angers, à la Baumette et à la queue de l'étang Saint-Nicolas ! Pruniers, vallon du Grand-Tertre et chemin de la Papillaye ! Champtocé ! — Maulévrier, c. pér. (Cam.).

32 — L. lateralis DUM., *L. bidentata* NEES.

Pr. Sur la terre, parmi les mousses, dans les haies et les bois. C. Fr. rar. : Pruniers, chemin de la Papillaye !

33 — L. heterophylla Dum., *Jungermannia heterophylla* Schrad.

Pr. Dans les bois, sur la terre et les souches pourries.
AR. Fr. rar.

Angers, bois d'Avrillé! Beaucouzé, bois de Mollières, c. fr.!
Rochers de Mûrs! — Gennes (Trouil.). — Bois de Cholet
(Cam.).

Guépin l'indique encore dans ses *Notes manuscrites* à Angers,
sur la rive gauche de l'étang Saint-Nicolas, et dans les coteaux
de Montreuil-Belfroy.

CHILOSCYPHUS Corda.

34 — C. polyanthos Corda, *Jungermannia polyanthos* L.

Pr. Sur la terre humide dans les landes et les bois, sur
les pierres inondées au bord des sources et des ruisseaux.
AR. Stér.

Angers, rive gauche de l'étang Saint-Nicolas et ruisseau
de la Plesse! Seiches, landes de Boudré! — Noëllet, tourbière de Bataille! La Chapelle-Rousselin! (Préaub.). — Forêt
d'Ombrée, Pouancé (Hy). — Chénehutte-les-Tuffeaux (Trouil.).
— Répandu dans le Choletais (Br. et Cam.).

LEPIDOZIA Dum.

35 — L. reptans Dum., *Jungermannia reptans* L.

Pr. Dans les bois, sur la terre et les souches pourries.
AR. Fr. très rar.

Coteaux de Montreuil-Belfroy! Bois de Soucelles! Chalonnes, coteau des Noulics, c. fr.! — Angers, Noyant-la-
Gravoyère (Hy). — Gennes (Trouil.).

36 — L. setacea Mitt., *Jungermannia setacea* Web.

Aut. Sur la terre dans les landes tourbeuses. R. Fr. très rar.

Chaumont, dans la tourbière supérieure ; landes de Seiches, c. fr. ; la Breille (Hy).

PLEUROCHISMA Dum., *Bazzania* Carringt.

37 — P. trilobatum Dum., *Bazzania trilobata* Benn. et Gr., *Mastigobryum trilobatum* Nees, *Jungermannia trilobata* L.

Pr. Sur la terre parmi les rochers siliceux. RR. Stér.
Forêt de Baugé (Guép.). — Coteaux boisés de Noyant-la-Gravoyère (Hy).

Blepharozia ciliaris Dum., *Ptilidium ciliare* Nees, *Jungermannia ciliaris* L. — Anjou (Guép., in herb.). C'est en vain que j'ai cherché cette espèce sur les rochers de la Papillaye, près d'Angers, où Guépin l'indique d'une façon plus précise dans ses *Notes manuscrites.*

MADOTHECA Dum., *Porella* Lindb.

38 — M. lævigata Dum., *Jungermannia lævigata* Schrad.

Pr. Sur les rochers humides. R. Stér.
Rochers de Mûrs ! — Chalonnes (Hy). — Le Fief-Sauvin ; la Romagne, au Bouchot (Br. et Cam.). — La Séguinière (Cam.).
6. obscura Dum., *Hép. Eur.*, p. 22. — RR. Rochefort-sur-Loire, piton porphyrique de Saint-Symphorien, avec l'espèce suivante.

Diffère du type par le lobe supérieur des feuilles entier, les amphigastres seuls et parfois le lobule (lobe inférieur) étant légèrement denticulés.

39 — M. Thuja Dum., *Porella Thuja* Lindb., *Jungermannia Thuja* Dicks.

Pr. Sur les rochers humides. RR. Stér.

Rochefort-sur-Loire, piton porphyrique de Saint-Symphorien (1875) !

Je dois à M. Corbière l'identification exacte de cette plante rare.

40 — M. platyphylla Dum., *Porella platyphylla* Lindb., *Jungermannia platyphylla* L.

Pr. Sur les vieux murs, les rochers et les troncs d'arbres. C. Fr.

ϐ. major Hook. ; Dum., *Syll. Jung.*, p. 31. — Sainte-Gemmes-sur-Loire !

* **M. rivularis** Nees ab Es.

Pr. Sur les rochers frais et humides. RR.

Érigné, chemin de la Fontenelle ! — Rochers de l'étang Saint-Nicolas (Hy).

41 — M. Porella Nees ab Es., *Porella pinnata* L. (Lindb.), *Jungermannia Porella* Dicks., *J. Cordæana* Hübn.

Hiv.-Pr. Au bord des rivières, sur les rochers siliceux très humides ou baignés par l'eau. AR. Stér.

Pruniers, rochers de la Rive (1869) ! Angers, rive droite de l'étang Saint-Nicolas (1870) ! — Commun sur les bords de la Moine, de la Sèvre et de leurs affluents (Br. et Cam.).

RADULA Dum.

42 — R. complanata Dum., *Jungermannia complanata* L.

Pr. Sur les troncs d'arbres, plus rarement sur les rochers. CC. Fr.

Forma *propagulifera* G. L. et N. — Angers !

FRULLANIA Raddi ; Dum.

43 — F. dilatata Dum., *Jungermannia dilatata* L.

Pr. Sur les troncs d'arbres et les rochers. CC. Fr.

Forma *viridis*. — Corzé, dans les Gravelles, sur des saules inondés l'hiver.

44 — F. Tamarisci Dum., *Jungermannia Tamarisci* L.

Pr. Dans les forêts, au pied des arbres et sur les rochers ombragés. C. Stér.

6. heterophylla Corb., *Musc. de la Manche*, p. 345. — Angers, rochers Saint-Nicolas !

LEJEUNEA Lib. (nom. emend.)

45 — L. inconspicua de Not., *Jungermannia inconspicua* Raddi.

Hiv.-Pr. Sur les vieux troncs d'arbres. RR. Saint-Barthélemy, Bouchemaine (Hy).

46 — L. minutissima Dum., *L. ulicina* Tayl., *Jungermannia minutissima* Sm.

Pr. Sur les vieilles écorces à la base des troncs d'arbres. R. Fr. très rar.

Angers, dans la Garenne Saint-Nicolas, sur le *Tilia silvestris*, c. fr. ! Parc de Pouancé, Chazé-Henry (Hy).

Quant aux localités signalées dans le Choletais par MM. Brin et Camus (bois de Cholet, la Séguinière, la Renaudière, la Tessoualle, le Longeron, forêt de Vezins, répandu sur l'aubépine et sur le chêne, très rare sur le hêtre), **M.** Camus lui-même a bien voulu m'avertir qu'elles s'appliquaient au *L. minutissima* Auct., *sensu lato*, réunissant les deux espèces précédentes, et que leurs relations avec l'une ou l'autre restaient à déterminer.

47 — L. serpyllifolia Lib., *Jungermannia serpyllifolia* Dicks.

Pr.-Aut. Sur les rochers et les troncs d'arbres, dans les endroits humides et ombragés. AR. Fr. très rar.

Angers, bois de la Haie ! Pruniers, rocher de Grézille ! Roche de Mûrs ! Rochefort-sur-Loire, rocher de Saint-Symphorien ! — Saint-Barthélemy, bois des Landes ! Pouancé, aux Rochettes, c. pér. ! (Préaub.). — Chénehutte-les-Tuffeaux (Trouil.). — Assez commun dans le Choletais (Br. et Cam.).

CINCINNULUS Dum., *Kantia* Carringt.

48 — C. Trichomanis Dum., *Kantia Trichomanis* Benn. et Gr., *Calypogea Trichomanis* Corda, *Jungermannia Trichomanis* Dicks., *J. fissa* Scop., *Mnium fissum* L.

Pr. Sur la terre et les bois pourris dans les endroits frais et ombragés. AR. Fr. rar.

Angers, bois de la Haie ! — Garennes de Juigné-sur-Loire ; forêts de Pouancé, c. fr. (Hy). — Noëllet, tourbière de Bataille ! (Préaub). — Gennes ; Courléon, bois de la rue Bernier (Trouil.). — Commun dans le Choletais (Br. et Cam.).

Forma *propagulifera* Corb. — Angers, bois de la Haie !

6. **fissus** Husn., *Hépaticol. gall.*, p. 57, *Calypogea fissa* Raddi. — Beaucouzé, bois de Mollières !

γ. **Sprengelii** (Nees), *Jungermannia Sprengelii* Mart., *Cincinnulus Sprengelii* Dum. — Dans les tourbières, au milieu des touffes de *Sphagnum*. AR. Chaumont ! — Noëllet, tourbière de Bataille ! (Préaub.).

49 — C. argutus Dum., *Calypogea arguta* Mont.

Pr.-Été. Sur la terre humide, au bord des sources et des fontaines. RR. Stér.

Noëllet, tourbière de Bataille ! (Préaub.). — Vivy (Trouil., sec. Hy, *Cat. Hépat.*, p. 17).

Saccogyna viticulosa Dum., *Jungermannia viticulosa* L. — Signalé sans localité dans les listes de Bastard et de Guépin. Espèce propre aux rochers de la région maritime (Manche, Océan) ; à exclure.

TRICHOLEA Dum.

50 — T. tomentella Dum., *Trichocolea tomentella* Nees, *Jungermannia tomentella* Ehrh.

Pr. Au bord des ruisseaux, dans les bois des terrains siliceux. R. Stér.

Pouancé ! (Desv., *Obs.*, p. 20, et herb.). — Chalain-la-Potherie (Trouil.). — Tourbières de Loiré ! (Ravain). — Landemont, bords de la Divatte (Hy).

FOSSOMBRONIA Raddi.

51 — F. Dumortieri Lindb., *F. angulosa* v. *Dumortieri* Husn., *Hepaticol. gall.*, p. 71.

Aut. Sur la tourbe, dans les marais. RR. Fr.

Clefs, bords de l'étang de Brestau ! — Landes de Seiches et de Chaumont (Hy).

52 — F. pusilla Dum. ex Lindb., *Jungermannia pusilla* Schmid.

Pr. Sur la terre nue, dans les sentiers peu fréquentés des landes et des bruyères. AR. Fr.

Chalonnes, côte d'Ardenay ! Beaulieu, au Pont-Barré !

Je laisse à dessein de côté les localités suivantes : Montreuil-Belfroy (Guép., *Notes manusc.*); Courléon, fossés des Rochereaux (Trouil.); Cholet (Br. et Cam.). N'ayant pas vu les plantes qui en proviennent, il m'est impossible de savoir si elles se rapportent au *F. pusilla* Lindb. ou à l'une des espèces signalées par M. Corbière dans ses *Muscinées de la Manche*, pp. 350 et suivantes.

53 — F. cristata Lindb.

Aut. Sur la terre humide, au bord des étangs. RR. Fr.

Angers, à la queue de l'étang Saint-Nicolas, en compagnie du *Pleuridiam nitidum !*

DILÆNA Dum.

54 — D. Lyellii Dum., *Jungermannia Lyellii* Hook.

Pr. Dans les endroits tourbeux. RR. Fr. très rar.

Montreuil-sur-Loir, à l'Ouvrardière ! — Garennes de Juigné-sur-Loire, c. fr. ! (Hy).

Mörckia hibernica Gottsche, *Dilœna hibernica* Dum., *Jungermannia hibernica* Hook. — Signalé sans localité dans les listes de Guépin ; bien douteux pour notre région.

BLASIA Mich.

55 — B. pusilla L., *Jungermannia Blasia* Hook.

Hiv.-Pr. Dans les endroits humides et ombragés. RR. Stér.

Seiches, landes de Boudré ! — Pouancé, bords du ruisseau de la Sonnerie ! (Guép., *Notes manusc.*). — Pouancé, bords du ruisseau qui, à droite, tombe de l'étang de la Forge (Desv., *Obs.*, p. 19).

PELLIA RADDI.

56 — P. epiphylla CORDA, *Jungermannia epiphylla* L.

Pr. Sur la terre humide, au bord des sources et des ruisseaux, dans les endroits ombragés. AC. Fr.

6. **undulata** NEES. — La Meignanne, dans une ancienne carrière.

57 — P. calycina NEES, *Jungermannia calycina* TAYL.

Pr. Dans les lieux humides et les bruyères tourbeuses de la région calcaire. R.

Corzé, dans une fontaine, à l'entrée du chemin des Vaux ! — Saint-Clément-de-la-Place, à la fontaine Crousillouze ; Coutures, près Montsabert ; Soucelles ; Écouflant (Hy).

METZGERIA RADDI.

58 — M. furcata DUM., *Jungermannia furcata* L.

Pr. Sur les troncs d'arbres, plus rarement sur les rochers. AC. Fr. rar. : Angers, bois de la Haie ! Bois de Soucelles ! — Saint-Sylvain (Hy).

59 — M. conjugata LINDB.

Pr. Mêmes stations que le précédent. RR.
La Séguinière, sur les rochers (Cam.).

ANEURA Dum., *Riccardia* Gray.

60 — **A. pinguis** Dum., *Riccardia pinguis* B. et
Gr., *Jungermannia pinguis* L.

Pr. Dans les endroits humides, au bord des ruisseaux.
AR. Stér.

Pruniers, chemin de la Papillaye ! Roche de Mûrs ! Chau-
mont! Volandry, ruisseau de Turbilly ! — Beaucouzé! (Bast.).
— La Chapelle-Rousselin ! (Préaub.). — Combrée (Hy). —
Beaupréau (Br. et Cam.).

61 — **A. palmata** Dum., *Jungermannia palmata*
Hedw.

Pr. Sur les troncs pourris, dans les forêts.
Chaumont (Hy).

62 — **A. pinnatifida** Dum., *Riccardia pinnatifida*
Corb., *Musc. de la Manche*, p. 360, *Jungermannia
pinnatifida* Nees.

Pr. Sur les pierres, dans les ruisseaux. R.
Forêt d'Ombrée, à la Lande-Blanche ; Noëllet, lande de
Bataille (Hy).

63 — **A. multifida** Dum., *Riccardia multifida* B. et
Gr., *Jungermannia multifida* L.

Pr. Sur la terre mouillée, au bord des ruisseaux et dans
les fissures des rochers. AR. Fr. rar.

Angers, bois de la Haie! Pruniers, chemin de la Papillaye!
La Meignanne ! Rochers de Mûrs ! — Noëllet, tourbière de
Bataille ! (Préaub.). — Cholet, c. fr. (Br. et Cam.).

SPHÆROCARPUS Mich.

64 — S. terrestris Sm., *S. Michelii* Bell.

Hiv.-Pr. Sur la terre nue, dans les champs. R. Fr.
Saint-Sylvain, au-dessus du Perray ; Juigné-sur-Loire, près
de la gare ! (Hy).

MARCHANTIACEÆ

LUNULARIA Mich.

65 — L. vulgaris Mich., *L. cruciata* Dum., *L. Dillenii* Le Jol., *Marchantia cruciata* L.

Aut. Sur la terre humide dans les allées des jardins, sur
les vieux murs et les pots de fleurs dans les serres. C. Stér.

FEGATELLA Raddi, *Conocephalus* Neck.

66 — F. conica Corda, *Conocephalus conicus* Dum., *Marchantia conica* L.

Pr. Sur la terre, au bord des fontaines et des ruisseaux,
dans les lieux frais et ombragés. AR. Stér.
Montpollin, bords du Verdun ! — Saint-Sulpice (Bast.,
Suppl., p. 47). — Baugé, Combrée (Hy). — La Renaudière !
Roussay, Saint-Macaire (Br. et Cam.).

REBOULIA Raddi, *Asterella* P.-B.

67 — R. hemisphærica Raddi, *Asterella hemisphærica* P.-Beauv., *Marchantia hemisphærica* L.

Pr. Sur la terre des talus sableux, au bord des chemins. AR. Fr.

Angers, en Reculée ! Montreuil-sur-Loir, au tertre Monchaut ! Le Vieil-Baugé ! — Chalonnes ! Saint-Sylvain ! (Bor.). — Chaumont, Nyoiseau (Hy). — Saumur, chemin de Terrefort (Trouil.). — Cholet, chemin de la Godinière et près la ferme de la Boudrie ; le Bouchot (Br. et Cam.).

Fimbriaria fragrans Nees ab Es., *Marchantia fragrans* Balb. — Espèce des hautes montagnes, signalée par Guépin dans ses listes, mais bien douteuse pour notre région.

MARCHANTIA L.

68 — **M. polymorpha** L.

Pr.-Été. Sur la terre au bord des ruisseaux et des sources, dans les cours humides entre les pavés, dans les bois sur les places à charbon. C. Fr.

6. **domestica** G. L. et N. — Les Ponts-de-Cé, sur un mur humide ! — Le Moulin-d'Yvray ! (Préaub.).

TARGIONIA Mich.

69 — **T. hypophylla** L., *T. Michelii* Corda.

Hiv.-Pr. Sur les talus, les vieux murs et les rochers siliceux. C. Fr. abondamment.

CORSINIA Raddi.

70 — **C. marchantioides** Raddi.

Été. Sur la terre dans les lieux frais et ombragés. RR. Stér.

Saint-Lambert-la-Pothérie, dans une mare desséchée près le dolmen de la Colterie (1872) !

RICCIA Mich.

71 — **R. glauca** L.

Hiv.-Pr. Sur la terre humide dans les champs incultes et sur les murs. C. Fr.

6. **minor** Lindb. — Beaulieu, au Pont-Barré !

72 — **R. minima** L.

Hiv.-Pr. Sur la terre humide. RR.

Angers, en Frémur, au Camp de César (Hy).

73 — **R. bifurca** Hoffm.

Pr.-Été. Sur la terre humide et la vase à demi-desséchée. R.

Angers, plaines de Rosseau ; Chaumont, bords de l'étang de Malaguet (Hy).

74 — **R. ciliata** Hoffm.

Pr. Sur la terre humide. RR.

Bocé, bois de l'Auberdière (Hy).

75 — **R. Bischoffii** Hübn.

Pr. Sur la terre qui recouvre les rochers siliceux. AR. Stér.

Répandu autour d'Angers, sur les rochers schisteux ! Juigné-sur-Loire ! Saint-Jean-des-Mauvrets ! Beaulieu !

M. l'abbé Hy a observé sur la plante de Juigné des frondes mâles chargées d'anthéridies.

76 — **R. nigrella** DC.

Pr. Sur la terre argileuse humide. R.

Beaulieu, au Pont-Barré ! — Angers, sur les pelouses schisteuses au-delà de Saint-Léonard ! (Hy). — Cholet, vieille route de Saint-André et au-dessus du Pontreau (Cam.).

R.Firmurensis Hy, (inéd.). — Angers, coteaux de Frémur, sur la
vase des mares creusées dans les phyllades (Hy, *Congr. scientif.
d'Angers*, 1895). Espèce des plus intéressantes, encore à l'étude, et
dont M. l'abbé Hy doit prochainement publier la description.

77 — **R. crystallina** L.

Aut. Sur la vase et le sable humide au bord des rivières
et des étangs. AR.

Grèves de la Loire aux Ponts-de-Cé et à Sainte-Gemmes !
Cheffes, sur les bords de la Sarthe ! — Saumur (Trouil.). —
Chaumont (Hy).

78 — **R. natans** L.

Été. D'abord flottant à la surface des eaux stagnantes,
puis submergé et fixé aux herbes aquatiques par des rhi-
zoïdes. RR. Fr. rar.

Angers, près du Bourg-la-Croix, dans une mare sur les
schistes (Hy). — Fossés des marais de l'Authion, près Andard !
(Desv., *Obs.*, p. 19, et herb.). — Marais de l'Authion, au-dessus
des Ponts-de-Cé ! (Guép., in mouss.).

79 — **R. Hübneriana** Lindb., *Ricciella Hübneriana* Dum.

Aut. Sur la vase humide des étangs.

Pouancé ; Noyant-la-Gravoyère, bords de l'étang de la
Corbinière (Hy).

80 — **R. fluitans** L., *Ricciella fluitans* Braun.

Été-Aut. Dans les eaux stagnantes. C. Fr. rar. : Angers,
au Jardin des Plantes !

On trouve à Juigné-sur-Loire, dans les anciennes carrières,
une forme à frondes beaucoup plus étroites et plus fines que
dans le type (forma *gracilis* Bouv., in herb.).

6. **canaliculata** BOUL., *R. canaliculata* HOFFM. — Sur la vase, après le retrait de l'eau. AC.

ANTHOCEROTACEÆ

ANTHOCEROS MICH.

81 — **A. punctatus** L.

Été-Aut. Sur la terre humide, dans les chemins creux, au bord des ruisseaux et des sources. R. Fr.

Pruniers, chemin de la Papillaye! Feneu, près de Sautré! — Combrée! (Bor.). — Candé! (Bast., in herb. Bor.). — Pouancé, sur les bords du ruisseau de la Sonnerie (Desv., *Obs.*, p. 19, et Guép., *Notes manusc.*).

82 — **A. lævis** L.

Été-Aut. Mêmes stations que le précédent. AR. Fr.

Angers, en Reculée! — Montreuil-Belfroy (Desv., sec. Guép., *Notes manusc.*). — Candé, bords de l'Erdre (Bast., *Suppl.*, p. 47). — Cholet, la Renaudière (Br. et Cam.).

ADDITIONS ET CORRECTIONS

SPHAGNA

6 — Sphagnum squarrosum Pers.

Angers, dernière carrière abandonnée près du Moulin-Fleuri, en Saint-Augustin ! (herb. Béraud).

MUSCI

3 — Hylocomium squarrosum Br. eur.

Lué, c. fr. ! (de la Perr.).

14 — Hypnum revolvens 6 intermedium Ren.

Écouflant (Hy).

14 bis — H. uncinatum Hedw.

Angers, dans un trou tourbeux, sur la rive droite de l'étang Saint-Nicolas (Hy).

30 — Amblystegium radicale Br. eur.

Montreuil-sur-Loir (Hy).

39 — Rhynchostegium algirianum Lindb.

Lézigné (Hy).

40 — R. curvisetum Schimp.

Dans les synonymes à l'espèce et à la variété, lire *Eurhyn-chium* au lieu de *Eurynchium*.

42 — R. megapolitanum Br. eur.

Angers, à Roc-Épine ; prairies de Sorges (Hy).

56 — Brachythecium salebrosum Br. eur.

Écouflant (Hy).

68 — Pylaisia polyantha Br. eur.

La Possonnière, Saint-Melaine (Hy).

78 — Pterygophyllum lucens Brid.

Landemont, bords de la Divatte (Hy).

80 — Leucodon sciuroides Schwægr.

Sainte-Gemmes-sur-Loire, aux Châtelliers, c. fr. ! (Hy).

111 — Mnium punctatum Hedw.

Forêt d'Ombrée, c. fr. ! (Hy).

127 — Webera nutans Hedw.

Angers, bois de la Haie ; Montreuil-sur-Loir (Hy).

133 — Entosthodon ericetorum Schimp.

Bois d'Avrillé, forêt de Brissac, Soucelles (Hy).

135 — Physcomitrium sphæricum Brid.

La localité des Ponts-de-Cé doit être reportée à la variété *major* Boul. !

138 — Tetraphis pellucida Hedw.

Noyant-la-Gravoyère (Hy).

154 — Zygodon Forsteri Wils.

Varennes-sous-Montsoreau (Hy).

165 — Grimmia crinita α brevis Boul.

Angers, rue de Brissac ; Saint-Barthélemy (Hy).

167 — G. pulvinata Sm.

Dans les synonymes, lire *Fissidens pulvinatus* au lieu de *F. pulvinata.*

178 — Barbula squamigera Viv.

Pruniers, Machelle (Hy).

183 — B. unguiculata Hedw.

Placer le synonyme *B. cuspidata* Schultz avant *Tortula unguiculata* Roth.

184 — B. mucronata Brid.

Saint-Rémy-la-Varenne, c. fr. (Hy).

188 — B. Hornschuchiana Schultz.

Angers, au Bourg-la-Croix ; Saint-Lambert-la-Potherie (Hy).

194 — B. inermis Bruch.

Saint-Jean-des-Mauvrets, à Buchêne, c. fr. ! (Hy).

200 — Trichostomum tophaceum Brid.

Machelle (Hy).

205 — Didymodon luridus Hornsch.

Lézigné (Hy).

206 — Pottia cavifolia ε epilosa Schimp.

Saint-Barthélemy, à la Paperie (Hy).

208 — P. Mittenii α Wilsoni Corb.

Les Ponts-de-Cé, le Tremblay (Hy).

210 — P. minutula Br. eur.

Saint-Barthélemy, à Saint-Malo (Hy).

211 — Leptotrichum flexicaule Hampe.

Baugé-les-Verchers, sur la crête du calcaire jurassique !

213 — L. pallidum Hampe.

La Prévière, près l'étang des Rochettes (Hy).

217 — Fissidens crassipes Wils.

Bocé (Hy).

220 — Conomitrium Julianum Mont.

Les Forges, dans la Loire, près de la Pierre-Bécherelle (Hy).

222 — Campylopus flexuosus Brid.

Fructifie aux bois de la Haie et de Mollières ! (Hy).

223 — C. turfaceus Br. eur.

Fructifie au bois de Mollières et à Juigné-sur-Loire ! (Hy).

226 — C. brevipilus Br. eur.

Landes de Seiches (Hy).

228 — Dicranum montanum Hedw.

Chenillé-Changé (Hy).

240 — Rhabdoweisia fugax Br. eur.

Beaupréau, la Roche-Baraton (Hy).

244 — Gymnostomum tenue Schrad.

Turquant (Hy).

248 — Hymenostomum microstomum R. Br.

Les Ponts-de-Cé, à Pouillé ; Marcé ; Soucelles (Hy).

257 — Phascum rectum Sm.

Avrillé, sur les hauteurs, près de la Plesse ; Bourg-d'Iré (Hy).

HEPATICÆ

5 — Plagiochila spinulosa Dum.

Mûrs (Hy).

12 — Coleochila anomala Dum.

La Breille (Hy).

14 — Diplophyllum obtusifolium Dum.

Noyant-la-Gravoyère (Hy).

17 — Jungermannia Schraderi Mart.

Pruniers (Hy).

ODONTOCHISMA Dum., *Sphagnæcetis* Nees.

30 bis — O. Sphagni Dum., *Sphagnæcetis communis* Nees, *Jungermannia Sphagni* Dicks.

Été. Dans les tourbières, parmi les *Sphagnum*. RR. Carrières abandonnées de Juigné-sur-Loire (Hy).

45 — Lejeunea inconspicua DE NOT.

Chaumont, sur les pins ; Le Fief-Sauvin ; Chazé-Henry (Hy).

79 — Riccia Hübneriana LINDB.

Angers, à l'étang Saint-Nicolas ; Juigné-sur-Loire (Hy).

Au point de vue numérique, les Muscinées signalées jusquà ce jour dans le département de Maine-et-
Loire sont au nombre de 383, réparties de la façon
suivante :

Sphagna . . .	9 espèces	2 sous-espèces
Musci.	263 —	25 —
Hepaticæ . . .	83 —	1 —

Je ne tiens pas compte ici des variétés, bien que
plusieurs d'entre elles aient été considérées par certains auteurs comme de bonnes espèces.

TABLE

Les chiffres correspondent aux numéros d'ordre des espèces dans chaque groupe.

Les synonymes sont en lettres italiques.

SPHAGNA

MUSCI

HEPATICÆ

Extrait du *Bulletin de la Société d'Études Scientifiques d'Angers*
(année 1897)

MUSCINÉES

DU

DÉPARTEMENT DE MAINE-ET-LOIRE

(Supplément n° 1)

PAR

G. BOUVET

PHARMACIEN
DIRECTEUR DU JARDIN DES PLANTES D'ANGERS
CONSERVATEUR DU MUSÉE D'HISTOIRE NATURELLE.
MEMBRE DE LA SOCIÉTÉ BOTANIQUE DE FRANCE
DE LA SOCIÉTÉ D'ÉTUDES SCIENTIFIQUES D'ANGERS, ETC.
OFFICIER D'ACADÉMIE

ANGERS

GERMAIN & G. GRASSIN, IMPRIMEURS-LIBRAIRES
40, rue du Cornet et rue Saint-Laud

—

1898

Extrait du *Bulletin de la Société d'Études Scientifiques d'Angers*
(année 1897)

MUSCINÉES

DU

DÉPARTEMENT DE MAINE-ET-LOIRE

(Supplément n° 1)

PAR

G. BOUVET

PHARMACIEN
DIRECTEUR DU JARDIN DES PLANTES D'ANGERS
CONSERVATEUR DU MUSÉE D'HISTOIRE NATURELLE
MEMBRE DE LA SOCIÉTÉ BOTANIQUE DE FRANCE
DE LA SOCIÉTÉ D'ÉTUDES SCIENTIFIQUES D'ANGERS, ETC.
OFFICIER D'ACADÉMIE

ANGERS

GERMAIN & G. GRASSIN, IMPRIMEURS-LIBRAIRES
40, rue du Cornet et rue Saint-Laud

1898

MUSCINÉES

DU

DÉPARTEMENT DE MAINE-ET-LOIRE

(Supplément n° 1)

Des herborisations poursuivies sans relâche depuis la publication des *Muscinées du département de Maine-et-Loire*, en 1896, me permettent aujourd'hui d'ajouter à mon Catalogue quelques espèces ou variétés nouvelles et de signaler un assez grand nombre de localités pour des espèces réputées rares ou peu communes.

Les espèces et variétés nouvelles sont :

Sphagnum teres,
Hypnum fluitans, v. falcatum,
    — cupressiforme, v. purpurascens,
Rhynchostegium murale, v. complanatum,
Mnium affine, v. elatum,
Encalypta vulgaris, v. mutica,
    —   — v. trachymitra,

Campylopus polytrichoides, v. Bouveti,
Systegium crispum,
Phascum cuspidatum, v. macrophyllum,
—   —   v. curvisetum,
Southbya obovata,
Plagiochila asplenioides, v. humilis,
Riccia subinermis.

A signaler aussi, mais dans un autre ordre d'idées, une mousse, *Hypopterygium Balantii* C. Müll., que j'ai trouvée dans les serres de l'un de nos principaux établissements horticoles, sur de vieux stipes de *Balantium antarcticum*. Cette espèce exotique, introduite sans aucun doute avec les fougères qui lui servent de support, a été décrite par Müller sur des exemplaires provenant des serres de Charlottenbourg où ils vivaient dans les mêmes conditions qu'à Angers. Depuis, je l'ai revue dans les serres du Jardin fleuriste de la ville de Paris, et, à Versailles, dans celles de l'École d'Horticulture. Selon toute probabilité, elle doit être assez répandue.

En tenant compte des additions signalées dans ce supplément, les Muscinées du département de Maine-et-Loire comprennent, variétés exclues, 387 espèces et sous-espèces réparties de la manière suivante :

Sphagna . .	12 espèces		
Musci. . . .	264 —	25 sous-espèces	
Hepaticæ . .	85 —	1 —	

Je prie mes correspondants de vouloir bien agréer ici l'expression de ma profonde gratitude, et, plus particulièrement, notre sympathique président, M. Préau-

bert, qui m'a généreusement abandonné les produits
de ses recherches d'autant plus intéressantes qu'elles
sont ordinairement dirigées vers les points les plus
reculés du département ; M. le professeur Corbière,
dont la bienveillance et les savants conseils ne m'ont
jamais fait défaut ; enfin M. le Dr F. Camus, qui m'a
permis, en revisant les *Sphagnum* de ma collection,
de modifier heureusement cette partie de mon travail
et d'appliquer aux formes de notre région les principes nouveaux qu'il a si judicieusement établis pour
la coordination des espèces françaises.

G. BOUVET.

Angers, le 30 mars 1898.

SPHAGNA

CYMBIFOLIA

1 — Sphagnum cymbifolium (Ehrh. 1780 et Auct.,
ex p.) Russow 1894.

Été. Marais tourbeux. C. Fr.

Espèce très polymorphe. J'ai constaté jusqu'à présent les
formes *laxa, squarrosula, brachyclada, compacta, sphœro-
cephala, pallescens, purpurascens.*

On peut espérer trouver en Maine-et-Loire les espèces suivantes détachées de l'ancien *S. cymbifolium :*
S. imbricatum (Hornsch.) Russ. (*S. Austini* Sull.), recueilli
dans la Loire-Inférieure par M. Em. Bureau ;
S. centrale Arn. et Jens. (*S. intermedium* Russ., non Hoffm.),
trouvé dans la Sarthe par MM. Monguillon et Thériot ;
S. medium Limpr., signalé dans la Loire-Inférieure par M. Camus.

ACUTIFOLIA

2 — S. fimbriatum Wilson 1847.

Été. Tourbières. RR. Fr.

Anciennes carrières de Juigné-sur-Loire ! (Lel.).

3 — S. tenellum (Schimper) von Klinggräff 1872
(non Ehrhart), *S. acutifolium* v. *tenellum* Schimp.,
S. rubellum Wils. emend.

Été. Landes et marais tourbeux. AC. Stér.

Chaumont, marais de Chaloché ! Saint-Sylvain, lande du Perray ! — Le Louroux-Béconnais, tourbière des Motais ! (Préaub.).

Parmi les variations de cette espèce, la plus intéressante est la forme automnale d'un beau pourpre-violacé (*f. purpurea*) trouvée par mon excellent ami Préaubert dans la tourbière de Bataille, à Noëllet !

4 — S. acutifolium (Ehrhart 1788 et Auct., ex p.) Russow et Warnstorf 1888.

Été, Landes tourbeuses. RR. Stér.

Lande de Soucelles !

M. Camus a distingué dans les échantillons que je lui ai communiqués de cette localité les formes *subisophylla* et *subisophylla-dasyanoclada*.

5 — S. subnitens Russow et Warnstorf 1888, *S. acutifolium* v. *luridum* (Hubn. ?) Bouv. *Musc. M.-et-L.* 1896, *S. Russowii* Bouv. *loc. cit.* (non Warnst).

Été. Landes et marais tourbeux. CC. Fr.

Espèce très polymorphe ; j'ai trouvé les formes *viridis, cœrulescens, versicolor*.

Le *S. subnitens* R. et W. est la plus répandue dans l'Ouest de la France des espèces détachées de l'ancien *S. acutifolium*. Le *S. Russowii* Warnst. est, au contraire, une plante des montagnes, étrangère à notre région.

A rechercher en Maine-et-Loire les *S. fuscum* (Schimp.) von Klinggräff et *S. quinquefarium* (Lindb. in Braithw.) Warnstorf, recueillis par M. Camus dans la Loire-Inférieure.

CUSPIDATA

6 — S. recurvum Palisot de Beauvois 1805, *S. intermedium* Hoffm. (non Russ), *S. cuspidatum* v. *Mougeotii* Boul., *S. cuspidatum* Auct. plurim. ex p.

Été. Tourbières. R. Stér.

Angers, dans les anciennes carrières de Saint-Augustin !
Juigné-sur-Loire !

La plante de Juigné répond à la variété *mucronatum* Russ.

A rechercher le vrai *S. cuspidatum* (Ehrh. ex p.) Russ. et
Warnst, qui, jusqu'à présent, n'a pas été constaté d'une façon
certaine en Maine-et-Loire.

7 — S. molluscum Bruch 1825, *S. tenellum* Ehrh.
et Auct. plurim. (non v. Klinggr.).

Été. Bruyères et landes tourbeuses. AR. Fr.

Soucelles ! Courléon ! — Landes de Seiches, Chaumont !
(Hy).

SQUARROSA

8 — S. squarrosum Persoon.

Été. Tourbières. RR.

L'herbier général du Jardin des Plantes d'Angers, ainsi
que l'herbier Béraud, renferme de très beaux échantillons
provenant des anciennes carrières de Saint-Augustin, près
Angers, localité détruite aujourd'hui. D'après M. Hy, on
l'aurait retrouvé dans la forêt de Brossay, près de la fontaine des Ermites.

9 — S. teres J. Aongström 1861, *S. squarrosum*
`v. *teres* Auct. plurim.

Été. Tourbières. RR. Stér.

Noëllet, tourbière de Bataille ! (Préaub.).

RIGIDA

10 — S. compactum de Candolle 1805, *S. rigidum*
Schimp.

Été. Bruyères et landes tourbeuses. AC. Fr. rar.

Étang de Cunault! Lande de Soucelles! Chaumont! Clefs, landes de Brestau ! — Durtal, étang des Landes ! (Préaub.). — Saint-Barthélemy, à la Claie! (de la Perr.). — Brain-sur-Allonnes, Courléon (Trouil.).— Baugé (Turpault). — Landes de Seiches, Juigné-sur-Loire (Hy).

La variété *cyclophyllum* est à supprimer. Ce que, d'après M. Hy, j'ai signalé sous ce nom, ne représente que l'état jeune de notre plante. La véritable variété *cyclophyllum* Sull. et Lesq. est spéciale à l'Amérique du Nord.

SUBSECUNDA

11 — S. laricinum R. Spruce 1847, *S. contortum* Schultz 1819 (vix alior.), *S. neglectum* Aongstr.

Été. Étangs et marais tourbeux. RR.
Cholet, étang de Noues ! (Cam.).

12 — S. Gravetii Russow 1894, *S. subsecundum* Nees et Auct. ex p., *S. subsecundum* v. *contortum* Auct. p. max. p., *S. subsecundum* v. *viride* Boulay ex p.

Été. Landes et marais tourbeux. C. Fr. rar.

Espèce très polymorphe. J'ai du département les formes *mollis, intermedia, contorta, viridis, obesa.*

A rechercher : *S. isophyllum* Russ., *S. subsecundum* (Nees d'Esenb. ex p.) Russ. et *S. inundatum* Russ. qui ont été signalés dans l'Ouest de la France.

MUSCI

———

4 — **Hylocomium triquetrum** Br. eur.

Noyant-la-Gravoyère, à la Corbinière, c. fr. (Trouil., manusc. 1877).

9 — **Hypnum stellatum** Schreb.

Courléon ; La Breille, étang du Bellay, c. fr. (Trouil., manusc. 1877).

12 — **H. fluitans** L.

Cholet (Cam.).

ε. **falcatum** Schimp. — Saint-Sylvain, lande du Perray !

Forme intéressante, à feuilles denses, finement et très longue-ment subulées, à subule dentée.

17 — **H. cupressiforme** L.

θ. **purpurascens** Corb., *Musc. Manche*, p. 318! — Juigné-sur-Loire, autour d'une mare, sur les schistes !

26 — **H. scorpioides** L.

Le Louroux-Béconnais, tourbière des Motais ! Préaub.).

32 — **Amblystegium irriguum** Br. eur.

Vivy (Trouil., manusc. 1877).

34 — A. riparium Br. eur.

α. distichum Boul., *f. longifolia*. — La Varenne, bords de la Divatte !

6. abbreviatum Schimp. — Montrevault, déversoir du moulin ! (Préaub.).

39 — Rhynchostegium algirianum Lindb.

Fourneux, près Saumur (Trouil., manusc. 1877).

43 — R. murale Br. eur.

6. complanatum Br. eur. — Baugé, c. fr. (Chev. in Trouil., manusc. 1877).

49 — Eurhynchium crassinervium Br. eur.

Maulévrier, La Séguinière, Montigné, Beaupréau (Cam.).

50 — E. piliferum Br. eur.

La Séguinière, La Romagne (Cam.).

62 — Brachythecium populeum Br. eur.

La Varenne, bords de la Divatte ! — Montrevault, bords de l'Èvre ! (Préaub.). — Cholet, à la Gaudinière et à la Tricouère ; Maulévrier ; Drain, près Liré (Cam.). — Courléon (Trouil., manusc. 1877).

63 — B. plumosum Br. eur.

Beaupréau, Maulévrier (Cam.).

69 — Climacium dendroides Web. et M., *f. inundata* Lor.

Juigné-sur-Loire !

74 — Heterocladium heteropterum Br. eur.

Montrevault, coteaux de l'Èvre ! (Préaub.). — Beaupréau (Cam.).

    6. **fallax** Milde. — Beaupréau (Cam.).

81 — Homalia trichomanoides Br. eur.

Baugé, c. fr. (Chev. in Trouil., manusc. 1877).

84 — Neckera complanata Br. eur.

Cholet, Saint-Léger, c. fr. (Cam.).

99 — Atrichum angustatum Br. eur.

Chaumont, landes de Chaloché et sur les talus du chemin de Rochebouet, très abondant ! — Beaupréau, bois des Landes, c. fr. ! (Préaub.).

100 — Philonotis Boulayi Corb., *Suppl. aux Musc. de la Manche*, p. 288 (12) ; *P. tenuis* Corb. olim., *Musc. de la Manche*, p. 290 (non Taylor) ; *P. marchica* v. *tenuis* Boul., *Musc. de la Fr.*, p. 217 ; G. Bouv., *Musc. de M.-et-L.*, p. 52 ; *P. capillaris* Husn., *Rev. bryol.*, 1890, p. 44, et *Muscol. gall.*, p. 269, t. 74 (non Lindb.) ; *P. marchica* Auct. andeg. (non Brid., *Bryol. univ.*).

Pr. Sur la terre sèche et sablonneuse. R. Stér.

Saint-Sylvain, au Perray, sur le talus du chemin qui longe le bois (1875) ! La Varenne, vallée de la Divatte ! — Brain-sur-l'Authion (de la Perr., in Trouil., manusc. 1877). — Cholet ; La Séguinière, à Vieilmur (Br. et Cam. ex Cam. in litt.).

104 — Aulacomnium palustre Schwægr.

Saint-Sylvain, au Perray, c. fr. !

106 — Mnium affine Schwægr.

6. elatum Br. eur. ; *Mnium insigne* Lindb. ; Milde, *Bryol. Sil.*, p. 227 ; *M. Seligeri* Juratz ; Braithw., *Brit. Moss.-Fl.*, II, p. 241, t. 82 A. — Montrevault, sur la rive gauche de l'Èvre, au bas du coteau sud ! (Préaub.).

Les dents foliaires sont formées d'une seule cellule !

119 — Bryum atropurpureum Br. eur.

Répandu dans la région choletaise, Liré (Cam.).

120 — Bryum alpinum L., *f. angustifolia* Boul., *Musc. de la Fr.*, p. 253.

Juigné-sur-Loire, autour d'une mare, sur les schistes !

121 — B. cæspititium L.

Angers, route de la Meignanne, au-delà du Champ-des-Martyrs !

123 — B. capillare L., *f. mollis* Corb.

Saint-Sylvain, au Perray, c. fr. !

129 — Webera carnea Schimp.

Cholet, berges de la Moine ! (Cam.). — Saumur, au Bois-Doré, c. fr. (Trouil., manusc. 1877).

131 — Leptobryum piriforme Schimp., *f. dioica;* *L. dioicum* Debat, *Ann. Soc. bot. de Lyon*, 1875, p. 114.

Angers, les serres du Jardin des Plantes !

133 — Entosthodon ericetorum Schimp.

Le Fuilet ! (Préaub.).

139 — Encalypta vulgaris Hedw.

δ. **mutica** Brid. — Angers, chemin de Saint-Léonard, sur les murs du collège Mongazon !

γ. **trachymitra** Rip., in *Rev. bryol.*, 1877, p. 51. — Saint-Léonard, sur un mur, près de la scierie mécanique !

Coiffe très papilleuse ; péristome formé de dents pâles, très papilleuses, fort distinctes bien que rudimentaires.

144 — Orthotrichum Lyellii Hook. et Tayl.

Angrie, sur les hêtres ! (Préaub.).

155 — Amphoridium Mougeoti Schimp.

Montrevault, coteau schisteux sur la rive gauche de l'Èvre ! (Préaub.) — La Séguinière (Cam.).

156 — Ptychomitrium polyphyllum Br. eur.

Montigné ; Cholet, route de la Tessoualle (Cam.).

160 — Racomitrium protensum A. Braun.

Montrevault, sur les roches schisteuses de la rive gauche de l'Èvre, au sud du bourg, stér. ! (Préaub.).

165 — Grimmia crinita Brid.

Courléon (Trouil., manusc. 1877).

167 — G. pulvinata Sm., v. *longipila* Schimp.

Angers, chemin des Éclateries !

176 — Barbula atrovirens, v. *edentula* Schimp.

Angers !

Doit se rencontrer à peu près partout avec le type.

180 — B. marginata Br. eur.

Angers, dans une serre du Jardin des Plantes !

186 — B. cylindrica Schimp.

Montrevault ! (Préaub.).

187 — B. gracilis Schwægr.

Briollay, dans une friche, près de la gare !

191 — B. tortuosa W. et M., v. *fragilifolia* Sm.

Angers, murs du collège Mongazon !

198 — B. princeps C. Müll.

Saint-Léonard, sur le grès. armoricain ! — Montrevault, près du moulin ! (Préaub.).

204 — Didymodon rubellus Br. eur.

Cholet ! Trémentines (Cam.).

205 — D. luridus Hornsch.

Liré, c. fr. ! Cholet, au Gué-au-Bouin ! Beaupréau, le Longeron (Cam.).

207 — Pottia intermedia Fürn.

Saumur, sur la chaussée du pont, près de l'île du Saule (Trouil., manusc. 1877).

208 — P. Mittenii, v. *Wilsoni* Corb.

Avrillé, très abondant sur les talus de la route de La Meignanne, entre le Champ-des-Martyrs et la Plesse ! (forme à coiffe médiocrement papilleuse). — Cholet, vieille route de La Tessoualle ! (Cam.).

218 — Fissidens decipiens de Not. .

Chaloché, dans les bois près de l'abbaye, sur les vieilles souches, c. fr. !

220 — **Conomitrium Julianum** Mont.

Le Longeron, dans la Sèvre-Nantaise, au moulin des Rivières (Cam.). — Pruillé, fontaine du vallon de la Chênaie (Guép. ex Trouil, manusc. 1877).

221 — **Leucobryum glaucum** Schimp.

Bois de Cholet, c. fr. (Cam.). — Forêt d'Ombrée, c. fr. (Rav.).

226 — **Campylopus brevipilus** Br. eur.

Chaloché, dans l'allée conduisant de l'abbaye aux étangs !

227 — **C. polytrichoides** de Not.

6. Bouveti Corb. in litt. — Garennes de Juigné-sur-Loire, sur les débris de schiste, stér. !

Voici les caractères que M. Corbière donne à cette variété :

« Feuilles *nullement hyalines* à la pointe, moins fermes que dans les formes ordinaires de *C. polytrichoides*, à peine radiculeuses, d'un vert jaunâtre soyeux à la surface, encombrées de terre à l'intérieur des touffes qui sont très denses.

« Plante grêle, élancée, offrant tout à fait l'aspect du *C. Schwarzii* Schp.

« Les feuilles sont munies à la base d'oreillettes *gonflées*, très apparentes, hyalines ou brun-ferrugineux, débordant ordinairement les côtés.

« La nervure est très forte ; elle occupe, comme dans *C. polytrichoides*, environ les deux tiers de la largeur de la base ; sur le dos, dans la partie subtubuleuse de la feuille, la nervure est *sillonnée-cannelée* exactement comme dans *C. polytrichoides ;* les couches de cellules sont disposées aussi de la même façon : c'est ce caractère anatomique qui m'a permis de rapprocher cette plante de *C. polytrichoides ;* autrement, en suivant les tableaux dichotomiques des bryologues, on n'y arriverait jamais. » (Corb. in litt. 2 nov. 1897.)

235 — **Dicranella cerviculata** Schimp.

Le Louroux-Béconnais, tourbière des Motais ! (Préaub.).

248 — Hymenostomum microstomum R. Br.

Cholet, à la Gaudinière! Saint-Christophe! Beaupréau (Cam.).

249bis **— Systegium crispum** Schimp.

Saumur! (Cam.).

250 — Archidium alternifolium Schimp.

« Paraît C. dans le Choletais où il fructifie bien. » (Cam. in litt.).

255 — Phascum cuspidatum Schreb.

ẞ. macrophyllum Br. eur. — Allonnes, près Saumur, c. fr. (Trouil., manusc. 1877).

γ. curvisetum Schimp. — Angers, pelouses du Jardin des Plantes !

258 — P. curvicollum Hedw.

Avrillé, sur la crête du silurien entre le Champ-des-Martyrs et la Plesse !

Je suppose qu'il y a dû avoir un apport de calcaire dans cette localité d'ailleurs très restreinte, car le *P. curvicollum* est essentiellement calcicole.

261 — Ephemerum serratum Hampe.

Ruisseau desséché des Rousselières, à la limite des communes du Longeron et de Torfou, c. fr. ! (Cam.).

HEPATICÆ

4bis — Southbya obovata Dum., *Nardia obovata* Carringt., *Jungermannia obovata* Nees.

Pr. Sur la terre humide, dans les forêts. RR. Stér.
Le Fuilet, forêt de la Foucaudière ! (Préaub.).

Nouveau pour la région.

6 — Plagiochila asplenioides Dum.

6. major Lindenb. — Montrevault ! (Préaub.).
δ. humilis Lindenb. — Montrevault, coteau schisteux sur la rive gauche de l'Èvre ! (Préaub.).

22 — Jungermannia ventricosa Dicks.

Cholet, à la Gaudinière (Cam.).

24 — J. bicrenata Lindenb.

Saint-Sylvain, au Perray !

25 — J. Schreberi Nees ab Es.

Avrillé, rochers de la Plesse !

34 — Chiloscyphus polyanthos Corda.

La Varenne, vallée de la Divatte !

38 — Madotheca lævigata Dum.

Liré (Cam.).

45 — Lejeunea inconspicua DE NOT.

Cholet, à la Gaudinière ; entre Cholet et le Puy-Saint-Bonnet; route de La Tessoualle à Maulévrier (sur le lierre); forêt de Vezins ; Le Longeron ; La Renaudière (Cam.).

46 — L. minutissima DUM.

Bois de Cholet, au Chêne-Landry, sur le chêne, RR. (Cam.).

48 — Cincinnulus Trichomanis DUM.

Montrevault, coteau schisteux sur la rive gauche de l'Èvre ! (Préaub.).

    6. **fissus** HUSN. — Saint-Sylvain, lande du Perray !

52 — Fossombronia pusilla DUM. ex LINDB.

Cholet, route de Saint-Léger; forêt de Vezins, près l'étang de Péronne (Cam.).

53 — F. cristata LINDB.

Cholet (Cam.).

60 — Aneura pinguis DUM.

Courléon, La Breille, Pouancé (Trouil., manusc. 1877).

63 — A. multifida DUM.

La Prévière (Trouil., manusc. 1877).

66 — Fegatella conica CORDA.

Jarzé ! (Préaub.).

74 — Riccia ciliata HOFFM.

Montrevault, coteau schisteux sur la rive gauche de l'Èvre ! (Préaub.).

76bis — **R. subinermis** Lindb. ex Hæg, *R. firmu-rensis* Hy, *Congr. scient. d'Angers*, 1895.

Angers, chemin du Frémureau, sur la vase des mares creusées dans les phyllades ! (Hy).

Angers, imp. Germain et G. Grassin. — 942-98.